海洋 探索未知事物
EXPLORATION 引领孩子走进海洋世界

QIANSHUI TANMI

潜水探秘

陶红亮 主编

海洋出版社

2025 年·北京

图书在版编目（CIP）数据

潜水探秘 / 陶红亮主编 . -- 北京 ： 海洋出版社，
2025. 1. -- ISBN 978-7-5210-1410-5

Ⅰ．P754.3-49

中国国家版本馆 CIP 数据核字第 2024RC2253 号

海洋探秘

潜水探秘 QIANSHUI TANMI

总 策 划：刘　斌	发行部： （010）62100090
责任编辑：刘　斌	总编室： （010）62100034
责任印制：安　淼	网　址：www.oceanpress.com.cn
整体设计：童　虎·设计室	承　印：侨友印刷（河北）有限公司
	版　次：2025 年 1 月第 1 版
	2025 年 1 月第 1 次印刷
出版发行：海洋出版社	
	开　本：787mm×1092mm　1/16
地　　址：北京市海淀区大慧寺路 8 号	印　张：10
100081	字　数：180 千字
经　　销：新华书店	定　价：59.00 元

本书如有印、装质量问题可与发行部调换

海洋探秘

| 顾　问 |

金翔龙　李明杰　陆儒德

| 主　编 |

陶红亮

| 副主编 |

李　伟　赵焕霞

| 编委会 |

赵焕霞　王晓旭　刘超群

杨　媛　宗　梁

| 资深设计 |

秦　颖

| 执行设计 |

秦　颖　孟祥伟

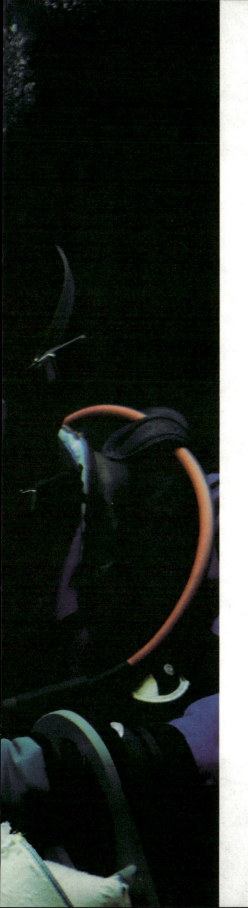

前言

在地球上，海洋总面积约3.6亿平方千米，大约占地球表面积的71%，可谓浩瀚无垠。生命起源于海洋，这是科学界最普遍的观点。生物的进化离不开海洋，人类的文明和进步同样受益于海洋。如今，海洋环境正遭受前所未有的威胁，各种污染使我们至关重要的生命资源——海洋，陷入危险的境地。让孩子认识海洋环境，保护人类赖以生存的自然环境尤为必要。

本书是专为孩子打造的海洋科普图书。书中图文并茂，语言轻松活泼，浅显易懂，可以让孩子直观地感受海洋的魅力，品味大自然的神奇。读完这本书后，孩子们会发现，海洋是生命的摇篮，破坏海洋环境会威胁人类的生存，要学会保护海洋。

逐步改善海洋保护公益机构乏力的现状是一种有效的解决途径，发展与海洋相关的运动同样是让青少年参与海洋保护的解决方案。对很多人来说，潜水不仅仅是一项运动，还是一种探索海洋这个尚未为人类所了解的"第六大陆"的方式。在享受海洋带给人类美好体验的同时，人类也自然会建立起保护海洋和自然环境的信念。

试想一下，如果我们遨游在蔚蓝色的海洋中，与那些神奇的海洋生物，如翻车鱼、

大海龟、海豚、小丑鱼、海兔、水母等在水下世界邂逅，是不是一件十分美好的事情？

　　本书将带领大家走进潜水的世界。全书共有7个章节，全面透彻地介绍了关于潜水的知识，并附有精美的图片。每个章节按照不同的主题组织内容，配有导语、海洋万花筒、奇闻逸事、开动脑筋等栏目，让我们了解关于潜水的一切，如潜水这项运动的发展史、潜水的好处、潜水装备的选择和使用、如何学习水肺潜水、在潜水时应该注意什么，等等。

　　如果我们还没有学习水肺潜水，那么一定要从这本书开始学习，这本书能够帮助我们了解更多的潜水常识，让我们加入潜水员这个大家庭中。如果我们已经掌握了水肺潜水技能，那么也请阅读本书，它能够向我们提供一个全面了解潜水的机会，帮助我们绕过许多弯路。

　　本书内容精彩，图片精美，其对潜水知识分门别类的详细介绍，既能让读者获得视觉上美的享受，还能帮助读者掌握潜水知识，提高自己的潜水技能，成为更棒的潜水员。

目录
CONTENTS

Part 1
潜水的发展史

潜水运动有悠久的历史，早在几千年前，古人们就开始尝试潜入海中，探寻海里的秘密与宝物。唐代的采珠人不仅能潜入海洋深处寻觅珍珠，他们还用牛皮制作了一套潜水防护服。到了近代，许多先进的潜水服被发明出来，潜水爱好者可以穿戴它们潜入深海里，像鱼儿一样自由地游弋。

潜水的历程

人类潜水的历史可以追溯到 2000 多年以前，当时中国的周朝就已经有了潜水捕捞的技术。这是历史上最早关于潜水和潜水技术的记录。

古代人潜水缺乏任何保护工具，主要依靠憋气潜入海底，捕捉鱼虾和寻找一些宝物。

中国早期的潜水员

中国五代时期已经出现了专门的潜水员，到了明代，甚至已经出现了简单的潜水工具。在中国古代，潜水和游泳是分不开的，"游泳"二字，最早出现于《诗经·谷风》中："就其深矣，方之舟之。就其浅矣，泳之游之。"

达·芬奇的发明

　　达·芬奇设计的潜水呼吸管是用一个较短并且向外突出的皮囊构成的。潜水呼吸管的上端装着一个软木的浮托，使另一个管口得以浮出水面。虽说达·芬奇设计的潜水呼吸管的结构以及材料的选取都不是十分专业和完善的，但它的出现，无疑对如今的潜水装置影响巨大。达·芬奇对自己的研究工作尤为保密，因为他觉得自己一旦公开了研究成果，必然会对人类造成一些负面影响。尽管如此，人们还是在潜水里程碑上刻上了他的名字。

海洋万花筒

　　公元前4世纪的古希腊有一种专门为打捞海绵的潜水员设计的供气设备，这是一个倒扣并能沉入海中的密闭罐子，潜水员依靠储存在罐内的空气短暂补氧，维持水下活动。意大利的天才画家达·芬奇曾在1490年前后致力于潜水装备的研究，大部分设计稿被他编入《阿特兰提克斯手稿》中，其中一幅潜水呼吸管图相当引人注目。

世界上第一套潜水服

1715年，美国人约翰·美斯勃设计了世界上第一套盔甲式的潜水服。它的外形像一只圆柱形的木桶，头盔前方有一个玻璃观察窗，圆桶左右还有两只固定在桶上的皮制袖子。人们穿着这套服装可以轻易地潜入18米深的海底作业。

可以传输空气的潜水服

1797年，法国人K·H·克林格尔特发明了一套可以用泵供气的潜水服，它可以让空气通过管子进入潜水服内，初步解决了潜水员在海底呼吸困难的问题，让人类得以迈出向海洋深处探索的一步。后来，他还在一艘英国舰船沉没的附近海域创办了世界上第一所潜水学校。自此以后，潜水装置不断得到改进与完善。

第一套完整的潜水装备

　　1819 年 8 月，德国人锡波制造了第一套完整的潜水装备，这套潜水装备包括潜水头盔、潜水服和潜水鞋。随后，潜水装备的细分产品越来越多。

潜水装置迎来新时代

　　1865 年，法国人班诺特·罗基罗尔和奥古斯特·德纳劳泽设计了一套拥有自动调节功能的呼吸装置。1903 年，英国还制造了一个潜水逃生肺。到了 20 世纪以后，潜水装置的发展变得越来越迅速，更新换代密集地发生。1943 年，法国海洋学家雅克·伊夫·库斯托和压缩气体工程师埃米尔·加尼昂发明了一套潜水呼吸器——"水肺"。1970 年，又诞生了"电子肺"。从此，人类的潜水装置迎来了一个全新的时代。

奇闻逸事

　　考古学家们发现，早在 6500 年前就已经有人开始通过潜水来寻找食物。在欧洲，4500 年前的希腊潜水员就在地中海中捕获了很多生物。著名的哲学家亚里士多德推测，这些人可能使用了潜水钟。亚里士多德在年轻时期就曾借助潜水钟潜过水。

Part 1 潜 水 的 发 展 史

潜水装备的迅猛发展

　　20世纪属于潜水装备发展的鼎盛期。这一时期的发展主要是因为200多年潜水技术的沉淀，以及潜水在军事方面的应用。在第一次和第二次世界大战期间，军事需求大大推动了潜水技术的发展，美国军方的MK系装备就属于潜水装备发展的典型代表，这一装备的出现让潜水员首次潜到了100米深水区。

🌼 海洋万花筒

　　人类似乎天生就有探索水下世界的基因，但是我们并不知道古人第一次潜水是在什么时间。自从石器时代以来，人们一直生活在湖泊和海洋的附近，这里也是食物来源地以及运输最方便的地方。为了探索水域以及捕鱼，人们乘坐皮艇或木筏在水上划行。自然，人们也肯定尝试过潜入水中，一探究竟。

休闲潜水的兴起

　　20世纪50年代，西方人的生活水平有了明显的提高，人们对潜水也越来越感兴趣。因此，休闲潜水在这一时期得到了极大的发展。众多潜水组织相继出现，开始进行体系化的教学。潜水技术逐渐进步，潜水装备生产商也大量出现。这时候的潜水装备的功能更加完善，它们不仅小巧轻便，外观也相当时尚。

📖 **奇闻逸事**

　　第二次世界大战期间，欧洲多个国家建立了蛙人特战队，他们身着制作精良的潜水装备，其主要任务就是在水下作战，对敌人进行水下攻击。蛙人部队中最有名的就是英国蛙人特战队。

✏ **开动脑筋**

休闲潜水一共有哪3种潜水方式？（　　）

A. 自由潜水、深潜、浮潜

B. 浮潜、水肺潜水、自由潜水

C. 浮潜、深潜、水肺潜水

自由潜水的演化

　　根据史料记载，大约在 8000 年以前，人们就已经开始通过自由潜水寻找食物了。我国从唐代开始，一些采珠人也从裸身潜海变为身着防护衣、口衔呼吸管潜海采珠了。这就是中国早期的潜水员。

海洋万花筒

　　东周周桓王时期就有人开始在合浦采珍珠。合浦珍珠又称南珠，到了战国时代，合浦已经有了珍珠生产和加工的技术，当时的人们开始利用珍珠制作饰物和药品等。

6000 年前的潜水员

　　考古学家在如今的智利境内发现一具 6000 年前的木乃伊，研究发现，这具木乃伊患有软骨肿瘤，继而发展到软骨横向生长来保护耳鼓，以防止耳鼓反复在水中浸泡。这就是如今我们所称的"冲浪者耳"的现象。这种现象主要出现在长期浸在水中潜水、冲浪的人身上。根据研究人员的推测，当时的人潜水并不是为了娱乐，而是为了获取食物或寻找珍珠和海绵，用来和那些不会游泳的人进行物物交换。

早期的海女

　　海女指的是从事潜水捕捞的女性渔民，她们主要捕捉海里的珍珠贝、鲍鱼、龙虾和海胆等。海女曾广泛分布于东亚及东南亚地区，其中以日本和韩国的海女最出名。海女这一职业在日本已经有 2000 多年的历史，时至今日，从事海女职业的人数不到 1 万人，她们的平均年龄为 50 岁，年龄最大的有 90 多岁。海女这个职业因高强度、高风险的特点而在逐渐消失。

危险的"派珠"行动

　　有史书记载的合浦珍珠从汉代开始，已经有 2000 多年的历史。在古代，因为没有现代的水肺潜水装置，所以那些采珠人只能通过自由潜水的方式来采集珍珠。当时的采珠作业相当艰苦和危险，缺氧、寒冷、凶猛鱼类和动物的袭击使采珠人受伤致残的事件经常发生。《明史》中记载有许多珠民为完成"派珠"任务而致伤残，甚至葬身鱼腹的事件。随着采捞珠贝的行业不断发展，珠民们常年在海中作业，慢慢开始了解自己的身体在大海中的反应，也由惧怕、恐慌变为熟知大海的习性，如今许多合浦人仍练有深潜的绝技。

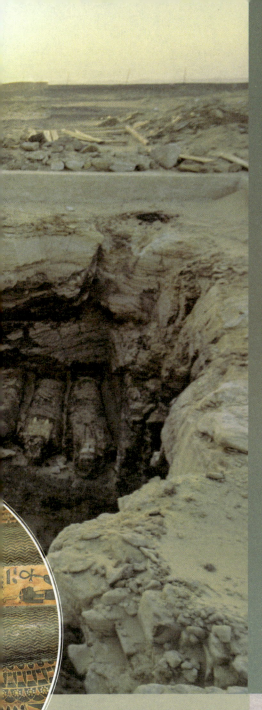

夏禹时期的采珠人

　　中国有很多关于自由潜水的记载，而这些记载远远早于日本的海女文化。在《尚书》中就记载了夏禹时期的淮夷部落已经开始进贡"蚌珠"和"珍珠"，这表明当时已经有了专门从事采珠的劳动者。

古代人采集海绵

　　古希腊人、古罗马人和中国古代劳动人民在很早以前就认识海绵动物并开始采集。海绵是世界上结构最简单的多细胞动物，古希腊的柏拉图与荷马都曾提及海绵的用途，即用来沐浴。卡林诺斯岛是海绵潜水的主要中心。

采集海绵的方法

　　潜水员需要使用重达15千克的巨石，迅速下潜到海水深处。潜水员一般下降到30米深的地方采集海绵。这些靠采集海绵为生的渔民称为海绵渔民或海绵潜水员。不过，由于技术以及人造海绵业的发展，海绵潜水员已经成为历史名词。

🌼 海洋万花筒

　　李时珍在《本草纲目》的"真珠"篇中就曾描述了珠民采珠的艰险："合浦县海中有梅、青、婴三池。蜒人每以长绳系腰，携篮入水，拾蚌入筐即振绳，令舟人急取之。若有一线之血浮水，则葬鱼腹矣。"

潜水头盔

V

第一次深潜记录

　　1913 年，在爱琴海，一艘意大利海军装甲舰刚停泊就因剧烈的风暴而导致脱锚，并打碎了链条，锚沉入 77 米深的海里。在寻找了好几天并无果之后，船长向一群渔民寻求帮助，其中一位叫作尤格思·哈吉斯·斯塔蒂的人表示自己可以屏住呼吸 7 分钟，并可下潜到 77 ~ 100 米深的水域。最终，他签署了相关的协议之后，抱着一块巨石，腰部绑好绳子跳进了水里。最终，他通过这种原始的"无极限"方式，成功定位并使用绳索穿过锚眼，帮助船员找回了锚。这是有历史记载以来人类的第一次自由潜深潜记录

"潜水之父"的发明

　　1927 年，世界公认的"潜水之父"、法国海军军官、探险家雅克·伊夫·库斯托发明了世界上第一个用来封闭鼻子的面具，1938 年，马克斯又将其改进，使用一个可以压缩的橡胶袋覆盖鼻子，使潜水员可以更方便地捏住鼻子，更容易平衡耳压，从而促进了现代自由潜水的发展。

💡 开动脑筋

　　自由潜水的第一个世界纪录是雷蒙多·布赫尔（Raimondo Bucher）1950 年在那不勒斯海岸所创下的，他一口气下潜的深度为（　　）。

　　A.30 米　　　　　　　B.60 米　　　　　　C.90 米

自由潜水之父

说到自由潜水，不得不提雅克·马约尔和恩佐·马奥卡。雅克·马约尔 1927 年在上海出生，而恩佐·马奥卡比他小 4 岁。1966 年，恩佐·马奥卡与雅克·马约尔相遇。恩佐被称为意大利"自由潜水之父"。1962 年，他创下深度 51 米的世界纪录，当时由于知识匮乏，医学界认为人类不可能下潜超过 51 米，因此，恩佐的成绩让人们大跌眼镜，这几乎是恩佐这辈子最骄傲的事。

第一位深潜 100 米的人

世界上第一个下潜到 100 米深度的人则是雅克·马约尔，他在 1976 年完成了这个惊人的壮举。到了 1983 年，56 岁高龄的雅克又一次创造了深潜 105 米的世界纪录。之后，雅克正式宣布退役。而恩佐则在 1988 年到达了 101 米的深度，那一年，他也是 56 岁。

潜水兄弟情深

23 年间，雅克与恩佐两人先后打破世界纪录 22 次。在 20 年的自由潜水竞技历史中，几乎全部是他们两个人的名字。两人不仅是自由潜水的对手，还是一生的挚友，两人在自由潜水的竞技比赛中相互交替打破世界纪录，让人感觉自由潜水的世界就只有他们两人一样。而在生活中，他们相互鼓励，互相祝福。

📙 奇闻逸事

赫伯特被称为自由潜水界的独立思考者和先驱者，他与其他自由潜水员不同，他是自学成才的。他对自由潜水技术、装备和训练方法的创新被很多人质疑，但最后都被实践证明是对的。他热衷于深究每一个技术细节和自己设计装备。他在 2001 年发明了颈部配重，并且随后用它打破了深度和泳池动态的世界纪录。如今，颈部配重和单蹼已经成了很多竞技运动员的必备装备。

自由潜水女皇

　　娜塔莉娅·穆尔查诺娃被称为"自由潜水女皇"，是一位多项世界纪录保持者。她是自由潜水界永远的传奇，被称为"可能是世界上最伟大的自由潜水员"。娜塔莉娅出生于 1962 年，之前是一名游泳运动员，在退役 20 年后开始自由潜水的训练，她 41 岁的时候创造了第一个国家纪录，之后便一发不可收拾。在她 12 年的职业生涯里，她一共创造了 41 项世界纪录，获得过 23 次自由潜水竞技比赛的金牌，这一点是所有人都无法比拟的。

最深的潜水纪录保持者

　　赫伯特是自由潜水比赛中"无限制潜水"项目的世界纪录保持者，他在自由潜水中下潜深度的世界纪录是 214 米，他有着"地球上潜得最深的人"的称号。2012 年，赫伯特在希腊利用"无极限"的方式潜到过 253 米深的地方，但是在返回水面的途中昏迷了。赫伯特一共打破过 33 次世界纪录，他是现代自由潜水竞技规范化以来世界上唯一一个打破过所有自由潜水项目纪录的人。

水肺潜水的演化

　　在古代，水肺潜水并不是一项很主流的运动。早期的希腊和罗马，人们主要通过屏住呼吸或利用中空的植物茎等临时呼吸器具来游泳或潜水。而这种活动也主要应用于战争和收集食物、材料等。通过几个世纪的经验积累，人们在潜水这一项运动中取得了长足的进步。水下潜水也从最简单的自由潜水一步步发展到如今各种复杂的形式。

呼吸暂停

　　"呼吸暂停"（Apnea）最先来自希腊语，其意思是"没有呼吸"。这个词汇的起源其实和水没有任何的关系，但在现代运动术语中，"呼吸暂停"已经成为"自由生活"的同义词。在潜水中，"呼吸暂停"是指在没有任何呼吸设备的情况下在水中只呼吸一次。

芦苇呼吸器

古代游泳者最早使用的潜水器其实是一根中空的芦苇，这可以帮助他们在水下呼吸。传说一位名叫斯基利斯的希腊雕塑家被波斯人俘虏，他果断跳下押送他的船，将一根芦苇当作呼吸器，隐藏在水中，最终成功逃脱了波斯人的追杀。

亚里士多德的"潜水钟"

公元前4世纪，古希腊哲学家亚里士多德首次提出了"潜水钟"的概念，并应用了它。他将坩埚掀翻，并将其压入水中，以此来为潜水员保留可用的空气。

木桶一样的潜水钟

到了16世纪，这种理念再一次出现，人们开始使用木桶一样的潜水钟。它们被固定在离地面几米的地方，底部对水开放，顶部装有被水压压缩的空气。一名直立的潜水员可以将自己的头埋在潜水钟里，在离开潜水钟1～2分钟内，去海洋中采集海绵或探索海底，然后再回来一会儿，直到潜水钟里的空气不能再用来呼吸。

皮革潜水服

在 16 世纪的英国和法国，人们利用皮革制造出了可以深潜约 18 米的潜水服。他们用手动泵将空气抽出来，然后利用金属做成头盔。这样是为了让潜水员在水下可以承受更大的压力，进而潜到更深的水里。

发明了呼吸用的气泵

英国工程师约翰·斯米顿于 1771 年发明了气泵。这种气泵以软管连接到潜水桶上，潜水员使用气泵抽出空气，通过软管进行呼吸，从而延长潜水时间。到了第二年，法国人西尔·弗雷米内特发明了一种再呼吸装置，这种装置能让潜水员从潜水桶中回收吸入的空气。尽管这是第一个自给自足的空气装置，但因为其缺乏深度的研发，导致他在对自己的发明进行试验时因缺氧而死。

弗雷米内特的发明

弗雷米内特发明的再呼吸装置可以实现人在水底的"循环呼吸"。他在头盔上安装了两根管子，一根用来吸气，另一根用来呼气。从某种意义上来说，这是世界上第一台独立封闭的氧气装置。这套设备在当地的港口中还被成功地使用了十多年的时间。

自给式呼吸器

1825 年，英国发明家威廉·詹姆斯在约翰·斯米顿的研究基础上更进一步，发明了一种全新的自给式呼吸器。这种呼吸器是由一个圆柱形的铁"带"组成，并与一个铜头盔相连。它可以容纳大量空气，使潜水员进行长达 7 分钟的潜水。

呼吸调节器的出现

1860 年，法国工程师鲁凯罗尔发明了史上第一个呼吸调节器——鲁凯罗尔呼吸器，并成功申请了专利。其原理与我们现在所用的水肺调节器的原理几乎相同，都是通过几个阀门分级的形式来控制输出气压的大小。

> **奇闻逸事**
>
> 在 13 世纪的某个时候，波斯潜水员开始制作护目镜，方法是将龟壳切成薄片并抛光。

雅克·伊夫·库斯托

到了近现代，休闲潜水运动逐渐在普通大众的视野中出现，水肺潜水装备成了潜水员的标准装备。说到近代的水肺潜水，就不得不提一位潜水领域最重要的发明家——雅克·伊夫·库斯托。

水肺潜水装置出现了

雅克·伊夫·库斯托是法国伟大的海洋探险家和发明家，他于1943年发明了水肺潜水装置，之后又发明了在水下使用电视的方法。这些发明极大地促进了人类对水下世界的探索与了解，不仅能让探险家们更长时间停留在海下，摸清海底的情况，也成功地让海底这一神秘世界被大众知晓。

🔬 海洋万花筒

水肺经过不断改进，日趋完善。在美国的佛罗里达州、澳大利亚外海的大堡礁以及英国的伦第岛等地都有配备这种呼吸装置的"海底公园"。在那里，游客可以尽情游览海底世界的风光。利用这种呼吸装置，潜水员还可以对沉船进行定位、测量和打捞等。

魔术大师的"胡迪尼套装"

班诺特·罗基罗尔和奥古斯特·德内鲁兹在闭路氧气换气器发明前不久，于1873年发明了刚性潜水服。刚性潜水服为潜水员提供了更安全的空气供应。到了1921年，著名的魔术师和逃生艺术家哈利·胡迪尼发明了潜水服。他发明这套潜水服的灵感其实来自自身对逃生特技的痴迷。这款名为"胡迪尼套装"的潜水服可以让潜水员在水下快速、安全地逃生。

潜水装备 B

🔬 海洋万花筒

鲁凯罗尔呼吸器起先并不是用于潜水，而是用于火灾现场和矿井。后来，一位法国海军士兵看到了他的这套发明，才将其变成了现代水肺潜水的重要装置。有了鲁凯罗尔呼吸器的原理基础，发明家们才能铆足劲儿，不断改进用于水下呼吸的设备。

🌡 开动脑筋

从19世纪开始，哪两种主要的研究方法大大加速了水下探索？（　　）

A.科学研究和技术研究

B.潜水研究和设备研究

C.技术研究和人体研究

浮潜的演化

浮潜和另外两种潜水方式相比，是一种相对比较初级的潜水方式。一般情况下，潜水爱好者在学习水肺潜水之前要先学习浮潜。在没有船的古代，人们就会通过自由潜水或者浮潜的方式抓鱼。那时，人们会用芦苇秆或其他一些工具代替现代的呼吸管，潜入水中后，可以更加方便、高效地捕捉猎物。

什么是浮潜

浮潜和游泳类似，都是在水面以及水下不深的地方进行游动和下潜的行为。和游泳不同的是，浮潜可以使用呼吸管。这样一来，人们在水中时就不用一直把头抬出水面呼吸，以便节省体力。此外，脚蹼的使用，也能加快人们在水里游动的速度。

需要学习的浮潜

虽然浮潜和其他潜水方式相比，相对比较初级，但初级不意味着简单。浮潜融合了许多技巧和知识，包含了许多需要掌握的步骤。因此，不是会游泳的人自然就会浮潜。如果一个人想要熟练掌握浮潜技术，需要先跟着教练进行学习和训练，这样才能更好地在水下活动，避免危险发生。

现代浮潜

随着人们对浮潜的认识加深，浮潜如今变成了一项拥有复杂步骤的活动。在现代浮潜中，包含了漂浮、下潜、上升、排水、换气、呼吸和自救等技术。科技发展了以后，进行浮潜活动的人还必须掌握浮潜器材选择的技巧。

现代浮潜的装备

现代浮潜可以分为浮游和闭气潜游这两种方式，其中闭气潜游需要在水下1～10米的深度进行，因此需要一些装备。浮潜的装备相对水肺潜水来说比较简单。这些装备一共有4种，分别是呼吸管、面镜、脚蹼和水母衣。呼吸管是为了保证进行浮潜的人把脸埋进水里时也可以呼吸；面镜则能够让人看清楚水下的情况；脚蹼增大了浮潜者脚掌的面积，增大游泳时的推进力；水母衣则是为了防止浮潜者被水母蜇伤。

浮潜的风险

虽然人们浮潜时，下潜的深度并不算很深，但同样有可能遭遇危险。人们如果在浮潜前身体比较僵硬，又没有做好热身，就可能在水下抽筋。如果水温太低，超出了身体能够承受的范围，人们也可能抽筋。此外，水下生活着各种各样的生物，如果人们不小心用身体触碰这些生物，可能会给它们带来麻烦，自己也可能会被蜇伤或者中毒。

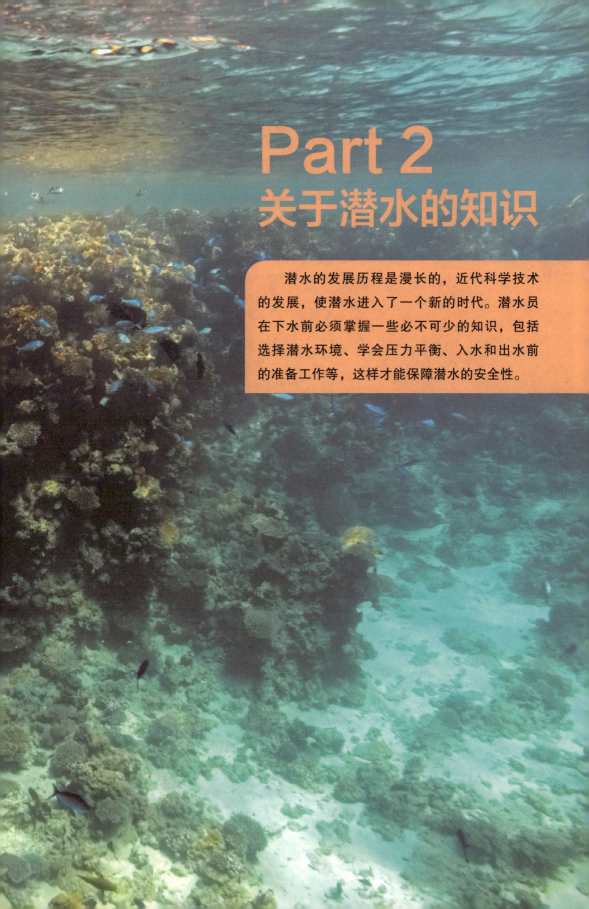

Part 2
关于潜水的知识

潜水的发展历程是漫长的，近代科学技术的发展，使潜水进入了一个新的时代。潜水员在下水前必须掌握一些必不可少的知识，包括选择潜水环境、学会压力平衡、入水和出水前的准备工作等，这样才能保障潜水的安全性。

为什么不去潜水

　　休闲潜水逐渐走进人们的生活，越来越多的人加入了潜水运动。但仍然有很多人都在潜水和观望之间徘徊。他们的顾虑和对潜水运动的不了解，是他们没有加入潜水运动的最大障碍。

潜水要学会游泳

　　许多人都认为，潜水和游泳没有多大联系，其实不然。一个不会游泳的人，如果成为一名潜水员，当他在水中无法感到舒适自在的时候，就会产生恐惧心理，而好的游泳技巧可以消除这种恐惧心理。在学习潜水之前先学习游泳课是很不错的选择，因为当我们在水中游得越好、越自在的时候，就越能集中精神去学习潜水。

不是所有人都适合潜水

　　想要学习水肺潜水，并不需要你有专业的运动技能，也不需要长年累月地进行专业训练，几乎各行各业的人都可以来学习。但是，其中有一些人是不适合潜水运动的，如一些患有心血管疾病或因为生理原因无法做剧烈运动的人，如果他们去学习潜水，就非常危险。还有一些有心理方面疾病的人，也容易在潜水的过程中引起精神紧张，这些都是需要注意的因素。

消除恐惧的方法

　　有些人不会游泳，往往对水有一种莫名的恐惧，或许是因为担心不能控制环境，进而产生了对水的恐惧。而上游泳课，练好游泳技巧，是可以克服这种恐惧心理的。

奇闻逸事

　　据英国《每日邮报》2019 年 7 月 15 日报道，在澳大利亚新南威尔士的纳尔逊湾，一名男子在水下向女友浪漫求婚。正在庆祝生日的女友本以为这是他第一次潜水，其实他早已为求婚提前练习了很久。

如果潜水时遇到鲨鱼

　　鲨鱼的血盆大口常常令人害怕，如果潜水时遇到鲨鱼，很多人都会感觉灾难降临了。因此，有些想要学习潜水的人，最终选择了放弃这项运动。事实上，在潜水的时候，鲨鱼会主动与潜水员保持安全距离。通常鲨鱼会掉头，朝其他方向游去。鲨鱼攻击人的案例是十分罕见的，人们被一头牛杀死的概率都要远高于一条鲨鱼。

潜水环境的选择

　　热带区域里的海水比较温暖，海水清澈见底，因此许多人都喜欢去那里潜水。其实这是一个普遍的误区，认为其他海域并不适合潜水。实际上，在温带区域潜水同样是不错的选择，温带区域的海水在潜水季节时水温为15 ～ 20℃，潜水服能在正常的潜水时间里保持最舒服的状态，穿戴潜水服也更加容易。

减压病的风险

减压病是水肺潜水中一项很大的风险。不过，教练会教那些初学者运用正确的方式去潜水，从而降低患减压病的风险。潜水课程的学习内容是十分完善的，通过系统的学习，可以有效地防止人们在潜水时患上各种病症。

压力平衡训练

我们学习潜水理论课程时，要学习的第一件事情就是保持压力平衡，这是指身体内腔的压力和周围水的压力要保持一致。通过紧捏我们的鼻子进行鼓气，就能做到压力平衡。因为这样做可以让我们的耳膜鼓起来保护耳朵。

💡 **开动脑筋**

1. 为什么要学会压力平衡？
2. 需要担心潜水时遇到鲨鱼吗？

年龄会阻碍学习潜水吗

水肺潜水偏向休闲娱乐性质，不同年龄层的人群都可以参与，不用担心自己的年龄太小或者太老，觉得已经不再适合学习潜水了。其实在全球，10 ~ 90 岁的年龄段均有潜水员分布，所以潜水是可以玩一辈子的运动。

海洋万花筒

有人在学习潜水的过程中担心自己被晒伤或晕船，其实这两个问题都可以预防。在水下，最常见的伤害是受到水中生物的刮伤和刺伤，这可以通过穿戴潜水服、远离水底并注意手脚放置的位置来避免。

学潜水失败了怎么办

很多人想去潜水，但都害怕自己做不好。其实有这种想法就是一个好的兆头，这说明你已经有了想去尝试的念头。对于一件新事物，每个人都会一定程度上产生对失败的恐惧。这是一种很自然的现象。它可以提升我们的肾上腺水平，从而让我们更加专注，并且促使我们更加努力。

开动脑筋

你觉得以下哪种行为不是害怕潜水的原因？（　）

A. 水性不好，不会游泳

B. 深海恐惧症

C. 喜欢鲨鱼

奇闻逸事

人的恐惧可以通过一种叫作"行为认知"的疗法尝试克服。患者可以在可控的条件下，由浅入深、不急不躁地去接触所惧怕的场景，从而重新评估，慢慢适应它。

潜水的注意事项

许多人喜欢潜水，因为这是一项与众不同的活动。在海中徜徉时，人们将目睹自己平时无法在陆地上看到的海洋生物。可是，潜水也伴随着危险。人们一旦在海洋中休克或遭遇海洋生物袭击，身体就可能受到严重伤害。因此，潜水活动中有许多注意事项。这些规范保护着人们的安全，让人们在潜水时能够安心探索海底世界。

把自己包裹起来

在热带海域潜水的时候，我们最好能把自己全身包裹起来。在热带海域，太阳光照射到海面时，会产生反射的紫外线，这种光线可以灼伤我们的皮肤。当我们穿短袖和短裤的时候，露出来的皮肤可以涂防晒霜。科学家和环保人士建议可以选择不含氧苯酮和辛酸酯的环保防晒品牌，也可以使用非纳米或较大颗粒的物理防晒剂（能反射和散射紫外线，且只停留在皮肤表面，不会被皮肤吸收），这些较大颗粒不太可能被珊瑚吸收。

从学习浮潜开始

如果我们在学习水肺潜水之前还没有尝试过浮潜，可以适当地推迟水肺潜水的学习，从学习浮潜开始。浮潜不仅是一项休闲运动，同时也是为水肺潜水做准备的最好方式。因为我们在浮潜和水肺潜水中，都会使用到一些相同的设备，其中的一些技巧也是相同的，并且浮潜还能提高我们在水里的舒适程度。

🎆 海洋万花筒

我们可以将莱卡水母衣穿在氯丁橡胶湿式潜水服里面，作为一层额外的热保护。在湿衣里穿一层水母衣可以让我们更方便地穿脱衣服。

穿上潜水靴

潜水靴可以很好地保护我们的脚。在开始浮潜之前，穿上潜水靴或者登礁鞋，可以避免被沙滩上零零散散的岩石以及锋利的珊瑚石块等割伤。当我们从浅滩走进水里时，有可能会踩到沙滩下面巨型的石块，而潜水靴的作用，就是避免我们的脚因为这些意外而受伤。

选择合适的浮潜区域

我们应该选择合适的时间和地点去浮潜。地点应该选在一个水面近处有珊瑚礁或者岩石，并且远离船只和水上摩托的区域。许多海滩都设有封闭的浮潜区域。另外，我们应该在一天中水面最平静、海水最清澈的时段进行浮潜。

开动脑筋

关于浮潜，以下哪一项说法不正确？（　　）

A. 应该和朋友一同前去

B. 应该独自前往

C. 应该跟随团队一同前去

准备好面镜

开始浮潜之前，要对面镜进行清理。可以在面镜没有沾水的时候，向里面涂一些口水或者喷上专业的除雾剂，然后将其涂抹均匀。再用清水或干净的海水将涂抹的东西清洗掉。这样做的目的是防止面镜在水里起雾。

入水前的准备

在即将入水浮潜之前，应当将面镜和呼吸管挂在脖子上，把蛙鞋的调整带套在胳膊上。不要穿着蛙鞋走路，以免摔倒。走向海中时，可以用我们空出来的一只手来保持身体的平衡。等穿过了浪区，就可以开始穿蛙鞋和佩戴面镜、呼吸管等装备了。

海洋万花筒

在水里游动的时候，一定要向下看，而不是向上看。如果抬头向上看，会让呼吸管的另一端浸入水里，进而影响到我们的正常呼吸。如果呼吸管进水了，用力吹气即可。

从船上入水

浮潜时，从船上入水的技巧和水肺潜水的入水技巧是一样的。浮潜技巧的练习，会使我们养成一个良好的习惯，在后面的潜水课中，都会习惯于戴着面镜、呼吸管和穿着蛙鞋入水。这对穿戴各种潜水装备起到很好的铺垫作用。

"跨步式"入水

穿戴好各种设备之后，将一只手放在脸上，用手掌按住呼吸管的咬嘴，手指压住面镜，另一只手放在身体的前部，深吸一口气后，屏住呼吸，大跨一步，进入水中。这时身体会直直地进入水里，头部会保持在水面上。

准备出水

在准备出水时，我们需要游到接近海滩的地方，转身背对岸边，然后站起来，这样就能看到朝自己涌来的海浪。接着，摘下面镜和呼吸管并挂在脖子上，然后观察海浪直到海面平静，然后弯腿脱下蛙鞋，把蛙鞋调整带挂在手臂上，最后穿过浪区走到沙滩上。

自由潜水需要会游泳

　　自由潜水既没有像水肺潜水一样，拥有全套齐备的装备，甚至也缺乏浮潜时可以使用的呼吸管。因此，对潜水爱好者来说，自由潜水的难度非常高。此外，自由潜水的下潜深度比浮潜更深，在水下可能遇到各种突发情况，因此自由潜水爱好者必须会游泳，最好能够精通水性，这是对自己的安全负责。

憋气时不要勉强

　　自由潜水不能使用呼吸管和空气瓶，因此下潜时只能依靠潜水员自身的肺活量和憋气能力。实践证明，人类的肺活量和心肺功能可以通过不断训练来提高。可人们需要明白，训练是一个循序渐进的过程，不可以操之过急。如果潜水爱好者在训练或者下潜的时候，想要超过身体的极限而勉强憋气，就有可能伤害自己。

奇闻逸事

　　自由潜水对潜水爱好者的能力要求比较高，人们在水下的危险性比较大，这可以看作一项极限运动。因此，如果潜水爱好者决定进行自由潜水，一定要和同伴一起。如果在水下发生危险，同伴就可以及时帮助自己。下潜时，同伴之间要注意保持距离，防止对方被自己的手脚打到。

不适合水肺潜水的人

　　水肺潜水需要潜水员背着气瓶，潜入海底观察海洋生物。人们在水下虽然有设备保护，但水下的环境不可能像陆地上一样自在。因此，有些人如果不幸患上了一些疾病，就不适合进行水肺潜水，如做过中耳炎手术或者眼角膜手术；有癫痫病的患者；依赖胰岛素的糖尿病患者；患有严重的慢性肺气肿或者哮喘的人；等等。

🌼 海洋万花筒

　　潜水员在进行水肺潜水时，需要先把前面的头发从面罩里拿出来，这样就能防止面罩漏水。如果面罩模糊，就会妨碍人们在水下的观察。因此，可以选用海草涂抹面罩，防止面罩模糊。下潜时水压增加，可能会挤压到面部。这时，潜水员需要用鼻子慢慢呼气的方法，排出面罩所受的压力。如果面罩进水了，人们可以把头稍微抬起，用手压着面罩上方，用鼻子呼气，把面罩里的水吹出来。

✏️ 开动脑筋

　　自由潜水时，不应该怎么做？（　　）

　　A．和同伴结伴潜水

　　B．可以强行憋气

　　C．和同伴保持安全距离

潜水的好处

　　潜水是一项运动。当我们远离城市的喧嚣，来到海边，聆听大海的声音时，可以感到无限的放松。潜水时所带来的新奇体验，也会让人流连忘返，沉醉其中。水下几乎失重的环境，让人仿佛在太空遨游一般。倾听着水流、海洋动物及平静之音，更会让人忘却一切烦扰，感受大自然的神奇魅力。

潜水的冒险感觉

　　地球上约 71% 的面积是海洋，海洋中有很多新鲜的地点可以让人们去潜水游玩。人们进入大海，多少会带来一些冒险的感觉。开发新地点的同时学习新的潜水技能，也能给人带来新的体验。潜入海洋中就仿佛开启了通往冒险及刺激的大门，这种冒险的感觉很让人着迷。

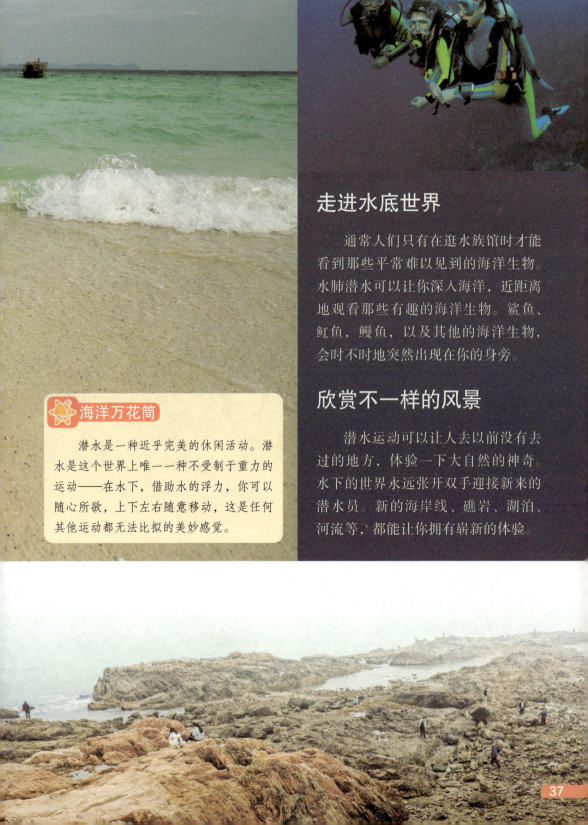

走进水底世界

　　通常人们只有在逛水族馆时才能看到那些平常难以见到的海洋生物。水肺潜水可以让你深入海洋，近距离地观看那些有趣的海洋生物。鲨鱼、魟鱼、鳗鱼、以及其他的海洋生物，会时不时地突然出现在你的身旁。

欣赏不一样的风景

　　潜水运动可以让人去以前没有去过的地方，体验一下大自然的神奇。水下的世界永远张开双手迎接新来的潜水员。新的海岸线、礁岩、湖泊、河流等，都能让你拥有崭新的体验。

🔆 海洋万花筒

　　潜水是一种近乎完美的休闲活动。潜水是这个世界上唯一一种不受制于重力的运动——在水下，借助水的浮力，你可以随心所欲，上下左右随意移动，这是任何其他运动都无法比拟的美妙感觉。

潜水不孤单

潜水是一项很特别的运动，所有参与者总是看起来很开心，对旅程感到兴奋，并且很愿意分享经验，这样的运动不会使你感到孤单。每当潜完一整天，你可以在任何有水的地方发现潜水员，因为他们迫不及待地等着明天到来。潜水社群是一个可以交到新朋友及分享潜水经验的好地方。

亲密接触大海

水肺潜水最棒的是可以与大海来一次亲密接触。不论你是不是在新奇的潜点，探索一个新的洞穴，还是只在附近吐泡泡，都能与大海有一次亲密接触。这也是一种鼓励参加者保持身材及走出家门的运动。

放飞自我的运动

最后，水肺潜水是一项你应该为了自己而参加的运动。水肺潜水让你去到新地点，"秀"给你新东西，帮你交到新朋友，为你打开一扇新世界的大门！

开动脑筋

潜水可以增加人的（　　）。

A. 肺活量　　　　B. 头发

C. 胡子　　　　　D. 脑部力量

下海与蝠鲼共舞

　　一名合格的自由潜水员，掌握了头下式快速耳部压力平衡后，可以凭借一口呼吸，徒手下潜十几米乃至几十米，融入蔚蓝的大海，和鲸鲨同游，与蝠鲼共舞。

放飞自我的运动

　　调整自己的呼吸，深深地吸气，缓缓地吐气，想象自己的心跳也渐渐放缓，开始和海洋融为一体。这种感觉会让你放飞自我，在新奇的海洋世界中畅游，体验平时生活中感受不到的轻松、自由。

🌐 海洋万花筒

　　2014 年，在美国报告的潜水员死亡人数仅为 50 人，而美国潜水员人数有 300 万人，潜水员警报网络发布的2014 年潜水员死亡率研究报告表明，在相当平稳的一段时间里，每 10 万潜水员的死亡人数仅为 2 人。

掌握正确的呼吸方法

很多水肺潜水员在玩潜水的初级阶段，发现自己特别耗气。这主要是因为还不熟悉如何通过充气排气和吸气吐气的配合来调整自己的中性浮力。自由潜水是一门以呼吸方法和耳压平衡为基础的潜水技巧。可以说，任何一次自由潜水，呼吸的调整是基础。通过自由潜水课程中对呼吸的练习与觉知，可以帮助我们掌握水肺潜水的正确呼吸方法。

调整心态

当我们频繁吸气、吐气，想吸收更多氧气的时候，我们的心跳反而会加快，新陈代谢也会加速，这样会消耗更多的氧气；如果我们调整心态，慢慢吸气，吸入更多富含氧气的新鲜空气，然后更加缓慢地吐气，身体会更加放松。

塑造完美身材

踢腿的练习可以让人的大、小腿更加修长有力；肺部拉伸的练习可以让人的小腹赘肉消失；有氧运动与无氧运动的结合可以让人的循环系统、呼吸系统和心脑血管系统得到很好的锻炼。

潜水的感悟

在自由潜水的练习中，对自己身心的体察与觉知、控制与顺服，是一门微妙的艺术。自由潜水的练习，就是对自己内心感受的一次直面与体悟。

突破自我

通过简单的呼吸方法的改变，可以使保持不到1分钟的静态闭气轻松达到两三分钟，甚至突破4分钟；通过简单的耳部压力平衡方法的练习，可以轻松一口气徒手下潜十几米。

海洋万花筒

人最大的恐惧在于对未知的恐惧，而克服这种恐惧的唯一途径在于尝试，勇于挑战对于水的恐惧，主动熟悉和了解海洋，你将会克服重重困难，实现自我突破。

Part 3
潜水的装备和使用

潜水前要做的第一件事就是选择一套适合自己的潜水装备。熟悉每一件潜水装备，并且熟练掌握它的使用方法，这可以让你的潜水之旅变得轻松惬意。从潜水电脑表到呼吸调节器，从信号安全装置到浮力调整器，我们都需要掌握它们的功能和使用方法，然后才能开启一次奇妙的潜水之旅。

潜水器材的分类

要潜水就需要用到潜水器材。简单来说，潜水器材可以分为轻装备和重装备两类。轻装备指的是面镜、呼吸管和脚蹼——潜水三宝，在浮潜时有这3件装备就可以了。而水肺潜水还需要有呼吸调节器、浮力调整器、潜水仪表、气瓶等重装备，以及其他辅助装备。

面镜的组成

面镜由镜片、镜架、裙边和头带组成。与游泳镜不同，专业的面镜镜片是用耐压钢化玻璃制成的，上面印有"TEMPERED"。面镜上的鼻囊不仅可以用来平衡压力，而且还能阻止水进入鼻腔。

面镜的选择

把面罩贴在脸上，然后轻轻用鼻子吸气，直到面镜一直吸在脸上为止。大多数人不需要特别选择针对自己脸型的面镜，但有一些人则不同。那些脸部明显比普通人显小或者脸部特别宽的人都需要选择与其相匹配的面镜。

面镜的佩戴

　　把面镜的硅胶面罩贴上脸部，脸上的防晒液可以对面镜的贴合性有一定的影响，但是并不明显；还可以通过调整胶带来增强面罩的贴合性。戴好面镜后，只能用嘴呼吸。

🔶 海洋万花筒

　　当我们在浮潜一段时间后，会有少部分水积在面镜里，这属于正常现象。无论什么面镜，都避免不了下潜受到水压时贴面的部分有水渗入的情况。如果不单单是鼻尖一点水的问题，那就是没有佩戴好。

面镜的雾气

　　人的眼睛和鼻腔是有水分的，部分水分在浮潜时会变成水汽。由于面镜里的空气与海水的温度差异，面镜内会形成雾气。这不仅会影响视觉，在复杂的海域浮潜时还会带来危险。通常，在潜水前都会在面镜里涂上口水或者防雾剂，这可以起到很好的防雾作用。

清除面镜的油膜

　　新的面镜通常都有一层油膜起到保护作用，这层油膜可以增加雾气产生的可能，并且影响防雾剂的效用。所以，我们需要沾上牙膏，然后用柔软的布轻轻擦拭，清除油膜。

海洋万花筒

　　选择呼吸管时要注意：咬嘴应当咬含舒服，否则会造成下颌疲劳。呼吸管是在水面浮潜时使用的，它可以让人不必抬头也能在水里呼吸。在水肺潜水中，潜水员在水面休息或游动时，可通过呼吸管来呼吸，以节省气瓶中的空气。

脚 蹼

　　脚蹼相当于一双在海洋中"飞翔"的翅膀，也被叫作蛙鞋，其作用是给潜水员在水下提供动力。与游泳不同，潜水员在潜水时只能依靠腿部来游动，双手则用来做其他的事情。根据使用方式和设计不同，脚蹼可以分为套脚式和调整式两种。套脚式脚蹼不用穿潜水靴，可以光脚按号码直接穿着，调整式的脚蹼需要选配专用潜水靴。

套脚式脚蹼

套脚式脚蹼又叫作全脚式脚蹼，可以光脚穿上，与绑带式的相比，这种脚蹼容易脱落，而且推进力较弱。旅游景点通常会将套脚式脚蹼用于水肺潜水。穿脚蹼之前，需要将脚套里的固形硬塑块取下；需要时，可穿潜水袜或普通袜子减少摩擦和增加舒适度。脚蹼不必像自由泳那样急速地拍打水，主要上下摆动大腿，而不是用小腿和脚腕使脚蹼拍水。一开始以一秒左右各一下的速率，这样会让你比较容易上手。

🔬 海洋万花筒

就算面镜中的雾气十分严重，我们也不要惊慌，可以朝着大致方向游回岸边浅水处或到船边扶好后再清除雾气。当然，对于一些技术熟练的人可以蹬脚蹼，让头部完全露出水面后，摘下面镜清除雾气和涂口水。

💡 开动脑筋

关于脚蹼的排水面积和自身足底的面积，以下哪种说法正确？（　　）

A. 脚蹼的排水面积要比自身足部的面积多出 4 倍以上

B. 两者的排水面积差不多

C. 脚蹼没有光脚在水里灵活

学会呼吸

　　咬住呼吸管的咬嘴，让牙齿刚好在硅胶的槽；刚玩浮潜时不要着急去提速，应该慢慢掌握呼吸的速率。不管浮潜动作的速率有多快，呼吸也应当保持均匀，如此才可以保证海水不会从排水阀倒灌进管中。

干式管与湿式管

　　干式管能确保下潜时不会有水灌进管中，而湿式管则保证不了。闭气下潜后上浮到水面时，湿式管需要鼓足气吹一下，将灌满管中的水从进气管头和排水阀处吹走，然后再吸气呼吸。

🔧 开动脑筋

呼吸管从结构上可以分为哪两类？（　　）

A. 有排水阀型和无排水阀型

B. 塑料和皮制

C. "U" 型和 "L" 型

把水管里的水吹出去

即便是干式管，在下潜时，浮阀合上的过程中同样会有水进入水管，虽说水量很小，但却会影响潜水员的心情。这种时候就需要进行排水。通常在上升接近水面或管头露出水面时开始鼓气，通过嘴部喷出，将管中的水通过排水阀吹出。

湿式管的使用

就连那些浮潜经验丰富和游泳技术很好的人，有时也难免在上浮水面吸气时因吹不尽管中的海水而呛水；而对浮潜新手来说，用湿式管时根本无法吹尽管中的海水，从而造成呛水情况，引起某些危险场面出现。

干式管的使用

浮潜者身上不带助浮救生装备，而干式管可最大限度地保证在浮潜过程中不吸入海水。在水肺潜水中，BCD充气后可作救生衣之用，呼吸管的作用只是帮助潜水员在水面时节省气瓶的用气，所以水肺潜水中不必用干式管。

潜水重型装备
以及其他

潜水重型装备是指在轻型装备的基础上增加的水肺系统组合，即可背负进入水中轻松地呼吸，并且能够自由控制浮力的一组技术器材，其中包括浮力调整器、气瓶、呼吸调节器等。相对面镜、蛙鞋与呼吸管等轻型装备而言，重量要大得多。

两种潜水服

潜水服分为干式潜水服和湿式潜水服：湿式潜水服是到目前为止最普遍的保暖和防护潜水服，用途非常广泛，依照水温的不同，湿式潜水服能让人在高至29℃的水温中保持舒适；干式潜水服用一层空气或气压作为隔热层，包围住人的身体，以减少体热的流失，让人的身体保暖。干式潜水服适合冬天或者较寒冷地带穿着。

水下呼吸的关键设备

水下呼吸的关键设备叫作呼吸调节器，是由一级调节器、二级调节器和中压管组成。因为人不可以直接吸入气瓶里的高压空气，所以需要通过呼吸调节器的两级调节装置，将气瓶内的高压空气自动调节为与潜水员所在深度相适应的压力，供给潜水员呼吸。

浮力调整器（BCD）

浮力调整器指浮力控制器或浮力调整背心，它的样子像马甲，所以在英语中称为"Jacket"，是可以充气的背囊，借助充气、排气来调整潜水员在水下的浮力。在水下时，通过以中压管与气瓶连接的充排气装置微调浮力调整器内的空气来实现最佳的浮力状态，使潜水员可以在任何深度保持中性浮力；还兼有水中救生的用途。浮力调整器已成为休闲潜水的必备设备，有两种最常见的样式：夹克式（最受欢迎）、背囊式（背飞）。

浮力调整器的3种功能

浮力调整器的功能有3种：一是让人漂浮在水面上休息或游泳；二是让人在水底时可以调整自己的浮力；三是当作背架使用，把整套水肺系统背在身上。除此之外，浮力调整器还能让人的头部完全浮出水面，这样的姿势往往会比较轻松，因为人的重量会随着水肺气瓶中的空气质量而改变。

🌀 **海洋万花筒**

夹克式是最常见的浮力调整器，外形类似夹克或救生衣，气囊分布在背后及腋下身体两侧，最大优点是漂浮在水面时可以得到更好的平衡控制。背囊式由背囊、背板、固定带组成，它不适合新手潜水员，因为气囊在背部，在水面充气后漂浮时容易让人的脸往前倾，但它在水下时容易让身体平行于水底，通常技术潜水员会选择它。水肺系统一般又分为3种：开放式水肺、密闭式水肺、半密闭式水肺。

潜水电脑表

　　潜水电脑表是现代潜水仪表中的电子高科技产品，它的功能非常全面，显示内容包括深度、潜水时间、无减压时间、减压时间、上升时间、上升速度过快警告、水面休息时间等，还可以与计算机相连，对潜水资料进行分析和处理。

信号和安全装置

　　当发生紧急情况时，需要引起潜水船或岸上的人注意。有各式各样的信号装置能够达到目的，可以将发声和视觉信号装置纳入开放水域潜水的标配中。在特定的情况下，最好准备电子信号装备。

开动脑筋

呼吸调节器又叫作什么？（　）

A. 呼吸器

B. 调节器

C. 气瓶

海洋万花筒

呼吸调节器是由高级合金制成的，一级调节器用来连接气瓶和其他装备；带有咬嘴的二级调节器用于呼吸。许多潜水员还配有一个备用二级调节器。

气瓶

气瓶是钢制或铝合金制的圆筒，能安全地储存高压空气或混合气体（常被误认为氧气），供潜水员水下呼吸用。气瓶的工作压力和容量大小的规格很多，气瓶内的容量通常以水容积的公升数来计算。

残压计

残压计用于显示气瓶中气体的存量，潜水员会根据显示的气体存量来安排潜水计划，掌握自己在水下停留的时间。

深度计

深度计能显示潜水员在水中所处当前位置的深度以及当次潜水所下潜的最大深度。水肺潜水员要根据深度判定是否需要减压。

指北针

指北针是潜水员用于在水下辨别方向的设备。

潜水靴

潜水靴又称沙滩鞋，既可以在潜水时穿着，也可以用于在沙滩和礁石上行走。

潜水手套

手在各种活动中最容易被刺伤，戴手套是最简单有效的防护办法，同时也起到保温的作用。

潜水刀

潜水刀是潜水员在水下解除鱼线、渔网或海藻的缠绕和防身的工具。潜水刀通常戴在腿侧，也可配在臂侧，是开放水域潜水必备的辅助工具。

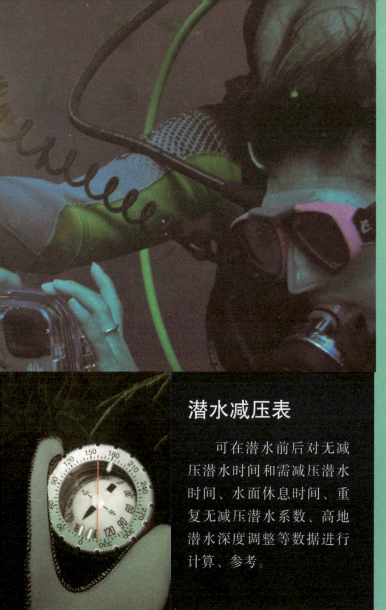

潜水灯

如果你打算夜潜，或是进入洞穴、深洞穴、沉船潜水，就要用到潜水灯。即使是白天，潜水灯也有助于探索岩石和其他阴暗处的裂缝。除了照明之外，还可用来发出求救等灯光信号。

配重和配重带

配重和配重带是为了平衡潜水员本身、潜水服、各种潜水设备等产生的浮力。它们在自由潜水的配重体系中非常重要。

潜水减压表

可在潜水前后对无减压潜水时间和需减压潜水时间、水面休息时间、重复无减压潜水系数、高地潜水深度调整等数据进行计算、参考。

潜水帽

潜水帽可以防止头部热量大量散失，保护头部和颈部。

潜水表

潜水表是潜水员在水下计时的工具，专业的潜水表通常为机械表，功能也较简单，表盘刻度大且清晰，有利于在较暗的水中观察，表链长度可调节。

潜水浮标

潜水时必须在水面放置浮标，以告知水面船只避开该处。

Part 4
水肺潜水的学习

潜水是一项技术性非常强的运动，因此一定要找一位潜水教练，在教练的明确指导下，开始自己的潜水训练课程。不仅要学习潜水的"6个要点"，也要学习潜水礼仪。在学习潜水技巧的同时，还要学会控制情绪以及养成良好的潜水习惯。

第一堂课

　　在下水之前，我们需要做一些准备工作，比如，学习潜水的相关理论，了解水肺潜水的装备，并掌握这些装备的工作原理及使用方法等。这样我们在入水后，才能认识到身体在水下发生的变化，从容应对意外状况等。

潜水视频的作用

　　在潜水理论学习中有许多潜水视频可以观看。通过观看这些视频，可以学习和了解与潜水相关的工作，以及潜水的礼仪。通过观看视频中潜水员的动作和细节，可以更好地了解潜水员如何在水下保持身体的水平姿态、通过双腿进行控制等。

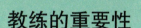

教练的重要性

　　潜水理论学习的方法有很多种，无论是在线学习、阅读教材，还是听教练教授课程等，都可以进行学习。但是无论你采取哪种方式进行学习，整个过程中最重要的人还是你的教练。他们可以回答你提出的问题。所以，和教练进行理论上的交流是必不可少的。

水上课程

　　初次练习潜水，需要找到一处游泳池或海上受保护的区域，这样的环境里，水较浅且清澈、平静，也没有大风浪，对于安全十分有保障。

🌊 海洋万花筒

　　反复练习潜水是成为一名好的水肺潜水员必不可少的过程。一般的课程都包括 4～5 次泳池或浅水域潜水，以及 4～5 次更深、更开放的水域潜水。在这个过程中，我们可以练习 8～10 次穿脱装备的方法。

前几次水下活动

　　最初的几次潜水活动比较容易，周围的海水也比较清澈、平静，教练在你的附近注视你的活动，所有的这些都能使你专注于在水下呼吸的感觉，很少会有其他因素的干扰。

环境的考验

　　经过了几次水下活动之后，接下来就要来到环境比较复杂的水域进行训练了。这里的水域会有些昏暗、模糊以及其他具有考验性的复杂环境，而你要做的就是能自信地去处理出现的各种问题。

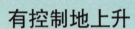

有控制地上升

　　在潜水时，一定要保持内心的淡定。一名恐慌的潜水员往往都会以最快的速度游向水面，但这个过程往往是最危险的。在潜水的过程中，不管什么时候上升，都需要有控制地、放松地进行，并且一定要在正常呼吸的情况下缓慢上升。

课程的目标

潜水初级课程的主要目标并不是让人尽快学会潜水，而是掌握足够多的潜水知识和经验，使人在水下环境中尽可能感到舒适，这可以让人在遇到意外情况的时候保持冷静。

学会自我保护

在潜水的过程中要学会自我保护，如时刻检测设备，确保气瓶中的空气充足等。还要学会在气体不足的情况下应该怎么做，并且要学习应该怎么帮助氧气耗尽的潜水伙伴。

学会解决问题

潜水过程中，要学会如何给面镜进行排水，如何处理面镜断裂的情况，以及装备出现了其他的情况，我们应该怎么做。虽说这都是一些概率较小的事情，但我们仍然要学会处理这些问题，否则出现问题的时候，小问题就会变成一场灾难。

Part 4 水肺潜水的学习

潜水手势B

学会在水下游动

潜水课程中学会如何处理问题只是初期要学会的知识，更多的学习内容是尽可能多地戴着装备在水下游动，在水下学会缓慢、深长地呼吸，以及用双腿和蛙鞋进行游动。

🌀 海洋万花筒

在度假的时候，如果想学习潜水，不要选择价格低廉的潜水课，那样的课程安排得非常紧凑，下水的次数更少，很难掌握真正的潜水技能。教练给学员留出来的提问、个人评估或者纠正练习的时间更是少得可怜。

中性浮力

在潜水课程中还要学习中性浮力，这是一种使身体始终处于完全平衡，在水下保持静止不动，既不上浮也不会下沉的状态，这也是潜水员必备的、重要的能力之一。

象拔

象拔是一种可充气设备，它的色彩比较醒目。当我们潜水过后，上升的过程中升起象拔，水面上过往的船只就会发现它并进行避让。象拔还可以帮助我们确定潜水船的位置，方便被同伴接上船。

💡 开动脑筋

以下哪个名词不属于潜水中的词汇？（　）

A. 中性浮力

B. 气源分享

C. 控制上升

水下手势揭秘

在进行水肺潜水的时候，要学会用手和胳膊与他人进行交流。潜水员在水底的交流会用到一些常用的手势，要熟练掌握这些用来交流的手势。

"OK"手势

"OK"是在水肺潜水中最早学到的手势之一，表示你现在一切都好。

氧气用尽

割脖手势代表你一点氧气都没了，完全没办法呼吸了！

耳压平衡有问题

耳压平衡需要先向下晃动手掌，然后用食指指向自己的耳朵。

"上升"手势

上浮时可以竖起自己的大拇指，并把手臂向上抬起。

保持深度

已经到达预计的潜水深度时，将手掌平移提醒伙伴。

看着我

两根手指先指向自己的眼睛然后再指向本人，表示"看着我"。

下降

大拇指朝下，表示可以继续下潜。

三分钟停留

伸出三个手指指着手掌，表示"三分钟停留"。

跟着我

先指一下自己，另外一只手跟随，表示"自己带路"。

我在这里

"单手挥动"表示"我在这里，快来接我"。

有危险

握紧双拳在胸前交叉，表示"有危险"。

掉头

伸出一根手指转圈，表示"掉头"。

共享空气

像"飞吻"的手势，表示"分享空气"。

剩余的气体不多

握紧拳头放在胸前，表示"此刻空气不足，需要结束潜水"。

你还有多少气

指指对方，将两个手指叠在另一个手掌上。

我好冷

双手抱臂摩擦，表示"自己觉得很冷或正在失温"。

醉氧

一根手指指着头部转圈表示"头晕"。

鳗鱼

魔鬼鱼

螃蟹

鲨鱼

海龟

6个要点

潜水课程是陆地居民对水下生活的一次体验。在进行这个重要的活动时，需要学习大量的知识和技能。如果想要成为一名合格的水肺潜水员，就需要注意以下几点。

呼吸

对一个准备学习潜水的人来说，当在水下用水肺装备进行呼吸时，会发现这与在陆地上的呼吸有所不同。这是由于水下有压力的存在，人们呼吸到的空气密度要大，并且是通过呼吸调节器这个人造装置进行呼吸的，如此一来，肺部和气源之间的距离会增加，而这个距离被称为"闭塞空间"。

与陆地上呼吸的差异

潜水员无法像在陆地上一样随意地进行呼吸，处于闭塞空间的气流会阻止大部分被吸入的气体进入肺部。如此一来，只是在简单地呼出气体，并没有进行氧气和二氧化碳的交换。

控制自己的呼吸

如果想要在水下进行有效的呼吸，就要采取缓慢而深长的呼吸方式。每次吸气时，要努力地鼓起自己的肚子，尽可能地扩张自己的肺部，最大限度地将空气吸入自己的肺里，再收紧肚子，缓慢地、长长地将其吐出来，直到感觉体内没有气体为止。

放松

缓慢而深长的呼吸方式可以让更多的氧气进入血液中，同时排出更多的二氧化碳。这是由于身体内二氧化碳的积累，会让人产生压力和焦虑感，而如果能有效地进行气体交换，身体内的二氧化碳会减少，从而让自己的心情放松下来。

潜水预想

预想是一个十分重要的技巧，能让人们在水下更放松。在进行水肺潜水之前，可以先找一个安静的地方坐下来，在脑海中勾勒一下自己潜水时的美好画面，回想一下水肺潜水课程中教练是如何教自己处理水中出现的意外情况的，并相信自己一定能处理好这些事情，以一种积极放松的心态去享受潜水。

浮力控制

　　浮力控制是指潜水员在水下能够自由掌控自己的身体。通常来说，上浮是浮力大于重力，即具有正浮力，下沉是重力大于浮力，即具有负浮力。但对潜水员来说，中性浮力是所追求的终极目标，在这种状态下，可以停留在水中，既不上浮，也不下沉。

观察

　　在潜水课上，我们会学习到很多技巧，有机会时应多对这些技巧进行学习，并观察专业人士是如何在水中游动的，以及他们是如何通过他们的蛙鞋、身体和呼吸，来获得在水中掌控自己的能力的。

🌀 海洋万花筒

　　在潜水时保持放松会提高我们的注意力，能够拥有一个良好的心态，可以冷静地处理各种紧急事件，并且大大减少了产生恐慌的可能性。

下潜和上浮的注意事项

要时刻注意观察周围的环境，下潜时，要向下看看是什么地形，是岩石还是海藻，是否有其他的潜水员；上升时，要先向上看看，越接近水面越要警惕，因为水面上的船只、螺旋桨和摩托艇等会对潜水员构成威胁。

影响浮力的6个因素

影响浮力的6个因素为：潜水员佩戴的配重、浮力调整器中的气量、潜水员在水中的姿态（Trim）、防寒衣、深度以及呼吸控制。

🔖 奇闻逸事

良好的浮力控制是获得较好的水下体验的关键性因素，它能最大限度地降低空气消耗，同时保护水下环境，为拍摄优质照片和视频提供保证，至关重要的是，它能确保潜水员的水下安全。

做一个潜水好伙伴

在潜水过程中，需要注意自己的仪表，但又不能完全专注于仪表，潜水电脑表和潜水压力表是十分重要的信息传达工具。但如果我们太过于关注它们，那它们就成了一种干扰设备。除此之外，要学会观察与自己一同潜水的人的实时动向，不要脱离队伍，特别是作为一名新手潜水员时更应如此。这样在必要的情况下，大家都能互相帮助。

踢动蛙鞋

蛙鞋既是推进装置，也是浮力控制器，还是一种稳定器。在我们需要的时候，它们就是一种精密仪器。在某些情况下，它们还是一种强有力的工具。蛙鞋就如同汽车的变速箱，可以帮助我们加速、减速、停车和倒车。并且，要想练好蛙鞋踢动，在开始水肺潜水课程前应进行一些踢动练习。

学会收拢双臂

　　在水肺潜水中，我们的手和胳膊只用来传递信息。而当没有什么信息需要表达的时候，需要将其收拢。这么做的主要目的是让我们的身体在水中保持流线型，从而减少在水中游动时所消耗的体力。同时，收拢双臂能让我们的身体保持平衡。

近距离观察

　　在进行水肺潜水时，可以近距离地观察身边的事物，如礁石、鱼类以及其他海洋生物。还可以在沉船旁学会识别船只的部位，并从淤泥覆盖的金属表面寻找那些保存完好的遗迹。这些会让我们的水肺潜水体验更加美好。

开动脑筋

　　掌握以上6个要点的目的是什么？（　）

　　A. 让我们更好地掌握潜水的技巧

　　B. 为了我们的身心健康

　　C. 为了工程潜水做铺垫

潜水礼仪

在各种公共场所，礼仪无处不在，参与者需遵守相关的规定，这些规定是约定俗成的，是要求人们共同遵守的最基本的道德规范。当然，在水肺潜水中也有一些礼仪需要我们去了解。

新人潜水员：不懂要问

在刚学习潜水时，我们是团队中经验最少的潜水员。这并不是一件难堪的事情，因为所有的潜水员都曾有过这样的经历。因此，大部分人都会报以理解的态度，并且愿意向我们提供帮助。这时，我们有问题就要去问，尤其是关于潜水船上的规则等。

船潜礼仪

潜水船上的空间十分有限，因此我们要认真收拾行李，将装备摆放整齐，确保潜水前后所有的东西都放在一起。把手机和现金放在防水袋子里，并保存在干燥的地方。将备用装备箱和潜水装备放在一起，而不是放在自己的防水袋子里。

要注意气瓶摆放

在船上，要注意气瓶的摆放，不要在没有支撑的时候立放气瓶。这是因为气瓶是沉重的金属物体，如果翻倒的话，可能会砸伤我们的脚趾，还有可能压坏浮力调整器的二级头、面镜或潜水电脑表等。

海洋万花筒

新手潜水员身处一个全新的环境里，会因为新鲜感而难以集中精神。如果我们深深地陷入幻想中，而忽视周围发生的事情，就失去了对自己潜水过程的控制能力。

良好的协调沟通

　　虽然潜水制度要求不管在水面还是水底如在遇到空气用完或被东西缠住时，所有的潜水员都要有能力照顾自己，但依然设置了潜水潜伴制，目的是为潜水员提供安全缓冲，能多双眼睛注意装备和潜水技巧，多双手在紧急情况下提供支援。同时，我们要明确指出自己在水中舒适的程度、潜水目标，以及偏好待在哪一侧，如此才能让同伴更加容易找到自己。最后，我们要让自己和潜水同伴知道彼此的极限，从而为大家的安全提供保障。

摄影礼节

　　在拍摄的时候，要考虑一下其他人也在等待。还要注意的是，并不是所有人都愿意登上我们的社交页面，所以，在拍照前，要合理地提醒他人，让对方有机会闪避。

注意听船上的简报

　　船上的部分区域，如驾驶室或部分甲板，有可能只允许船员停留，或者限制了客人的数量。如果注意听船上的简报，我们还能获得卫生间、淋浴室的具体位置，以及哪个淡水桶是放置摄影器材的，哪个淡水桶是能清洗面镜的。注意不要弄混，这也是一种潜水礼仪。

干、湿区域的分离

　　潜水船都分干、湿两区，注意不要弄湿干燥的地方，如果我们全身湿漉漉的，哪怕是身上裹着一块毛巾，也不要进入指定的干燥区域。潜水船上通常会提供浴巾，我们要擦干自己的身体和头发，不要到处滴水。

沙滩礼仪

　　不是所有的潜水都是在船上完成的，有的潜水员会选择岸潜，而大部分船潜礼仪也适合岸潜，但两者最大的不同是选择岸潜的话，我们身边会有很多非潜水人员，因此要考虑这些人员的感受。不要把自己的车停在可能会妨碍别人的地方，要把噪音降到最低，特别是夜潜时。这是因为气瓶的碰撞声会打扰到当地的居民。最后，不要乱扔垃圾。

晕船

　　当我们晕船时，不要一直霸占船上的洗手间，最好是站在下风船舷处，这样可以让风带走自己的呕吐物，从而避免我们的旅伴和负责清扫卫生间的船员要处理我们的呕吐物。

 海洋万花筒

　　关于冲淡箱，需要牢记以下事情：

　　为了方便潜水员冲洗装备，如摄影器材、潜水电脑表、潜水灯、面镜等，大多数船上都备有两个装有淡水的冲淡箱，一个用于冲洗摄影器材，另外一个用于冲洗其他装备。此时需要注意的是，在弄清楚冲淡箱的具体作用前，不要往里面放任何装备。并且，不要把任何东西留在冲淡箱中，在简单的浸泡后，将其拿到安全的地方即可。

环境

　　潜水员理应比普通人更关注对海洋环境的保护，对环境礼仪的要求既包括在水下要小心谨慎，不损坏任何东西，同时还要避免将可能伤害到珊瑚礁之类的物品带入海水中，如我们身上涂抹的防晒霜会导致珊瑚死亡。如果想要防晒，我们完全可以穿上防晒衣、短裤，还可以用帽子和头巾来遮挡阳光。

奇闻逸事

　　潜水中有一条潜水后的禁飞规则，那就是我们要计划出充足的时间来避免潜水后飞行或者去一个高海拔的地方。禁飞时间根据我们的潜水深度而有所变化，并且，在过去的几天里潜水次数的多少也会影响禁飞时间。

开动脑筋

　　在潜水中，（　）小时是一天一次深度较浅的潜水的禁飞规定时间，（　）小时是深潜或多次潜水的禁飞规定时间。

A.12，24　　　　　　　B.6，12

C.12，12　　　　　　　D.6，24

省气的方法

在完成第一门课程后，我们会和一些经验丰富的潜水员一起潜水，但很快会发现一个问题，那就是他们的空气用得慢，潜水时间要比自己持久。以下方法可以减缓空气消耗速度，帮助我们成长为更好的潜水员。

平稳情绪

在每次潜水之前，要让自己安静、放松下来，集中精神于接下来要做的事情中。深深地呼吸一口气，摒弃杂念，不去思考日常生活中的琐碎事情。这是因为我们在潜水的时候也做不了其他事情，倒不如专注于当下的事情。

适当呼吸

我们要学会使用横膈膜呼吸法，鼓起腹部，尽可能地吸入更多的空气，然后缓慢地、长长地呼气，收起腹部，尽可能地排出气体。多练习这种悠长、深入、缓慢的呼吸方式，有助于我们减少用气量以及冷静下来。

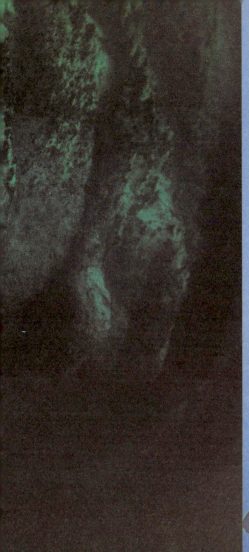

保持身体健硕

    潜水是一项运动，我们的身体越健壮、结实，在潜水时消耗空气的速率就越慢。可以通过健身，进行有计划的有氧训练，在快要进行潜水旅行前提高自己的训练水平。

不做不必要的移动

    当在水下要去某个地方时，我们只需踢动自己的蛙鞋。如果没有要去的地方，那就收起自己的双臂，尽量保持静止。

奇闻逸事

    美国一位发明家发明了一种新型的潜水服，可以让人类像鱼一样呼吸液体，然后轻松地潜入深海。人们可以借助这种潜水服呼吸"液态空气"。这位发明家解释说："穿上这种潜水服后，首先要学会克服吸入液体后产生的作呕感，这样你就能像呼吸空气一样自如地吸入氧化液体了。"

减少配重

　　如果在初次下潜时，我们必须向浮力调整器中充入大量的气体才能远离底部，那么就说明确实携带了太多的配重。在游动的时候，浮力调整器中的空气会让我们的上半身向上扬起，而腰上的配重会让我们的臀部和腿部向下沉，如此一来，就会形成头上脚下的海马姿势，这说明我们应减少携带的配重。

良好的水中检查习惯

　　穿好装备后，我们也许会发现自己的入水过程并不顺利，显得十分笨拙。一系列不利因素会让我们之前形成的积极心态消失得无影无踪，随之而来的压力会让我们以更快的速度消耗完空气。因此，要养成一个习惯，那就是要马上让自己镇定下来，快速地做一次水中装备的检查，然后再下潜。

最开始的气压

　　当在阳光充足的甲板上检查自己的仪表时，我们所看到的气瓶压力往往是不准确的。那是因为里面的空气是热的，会膨胀，使压力读数稍微偏大。一旦我们进入凉爽的海水中，压力读数就会下降。而这时的压力读数才是气瓶真正的起始气压。了解这个知识后，我们就能算出自己的潜水时长。这会让我们的心情更放松，从而有助于使用更少的气体。

知道空气剩余多少

　　始终知道自己的气瓶里还剩多少气体，是一件让人很安心的事情。这样，我们就能估算出自己还能在水中待多长时间。而对于时间的估算，就是气瓶中剩余的空气的量除以每分钟所消耗的空气。如果还想在返回水面时让气瓶内的空气有所剩余，那么在做除法之前，先减去想要剩余的空气即可。

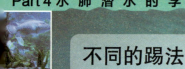

不同的踢法

与经典的全腿剪刀踢相比，在初学者的课程中学到的蛙鞋踢动方法则更简单。我们可以观察教练和潜导，然后进行模仿。使用节省体力的踢蹼技巧会大幅度地降低空气消耗速率。

焦虑的原因

当发现自己在水下变得焦虑不安，那极有可能是我们没有意识到自己已经失去了缓慢而深长的呼吸节奏。也许是因为我们在试图跟上自己的潜伴，也许是我们一直在同洋流搏斗，从而让自己变得焦虑起来。

保持冷静

当意识到自己越来越焦虑时，我们需要停止踢动自己的蛙鞋，花几分钟调整自己的呼吸，进行充分的吸气和完全的呼气，让自己躁动的心逐渐平静下来。然后检查自己的气压表，如果里面还有大量的空气，则可以继续潜水；如果低于预期，就上升到较浅的位置。

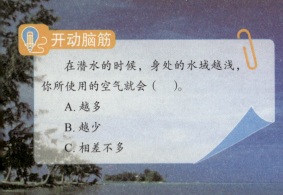

开动脑筋

在潜水的时候，身处的水域越浅，你所使用的空气就会（　　）。

A.越多

B.越少

C.相差不多

海洋万花筒

如果我们穿着配重带和潜水服，由于水压的作用，配重带会稍微下滑到我们臀部处。当位于深水处，我们需要停下来，把配重带往上拉到腰部，再收紧，这样一来，我们就能把腿抬起来，从而在水中保持水平的姿势。

B

海洋之旅

Part 5
安全事项

潜水是一项暗藏危险的运动。潜水前既要做好安全方面的预防措施，也要学会识别危险的警告信号。要有针对性地学习处理意外事故的方法，从自救到寻求救援，都要保持冷静，积极地处理意外发生的问题。

抵御寒冷

一些地方的海水温度可能会很低，建议带上厚的潜水湿衣和连头套背心等。人们在冰冷的海水中很难集中精力，经常会感到焦虑，甚至会产生抽筋的风险，这会大大增加危险系数。

保持温暖

在寒冷的湖泊和海洋中潜水时，要选择一件合适的潜水服，可以选择5mm或7mm厚的湿衣。如果还是感到寒冷，可以选择半干式湿衣或干衣。干式潜水服可以使身体与水完全隔绝，还可以在里面穿毛衣来增加保暖效果。

热带海洋里的寒冷

即使我们选择在热带海洋中潜水，也会遇到海水在一年之中的某个时候变得十分寒冷的情况。在一些海域，潜水员需要穿干式潜水服来确保自己不至于失温。如在埃及的冬天，游泳池的水可能会低于14℃，并且几乎不会被加热。

防止渐进失温

如果习惯于在温暖的水域潜水，突然进入寒冷的水中潜水时，就会发生一种渐进失温的潜在现象，使人感觉难受，甚至会让人变得糊涂起来，进而迷失方向，陷入危险的境地。因此，需要做好保温工作，这是十分重要的。

开动脑筋

身体失去温度的 4 个主要区域是（　）。
A. 头部、颈部、胸部和腹部
B. 头部、胸部、大腿和四肢
C. 胸部、腹部、股沟和大腿
D. 胸部、腹部、脚部和大腿

颤抖是警告信号

在感觉到寒冷时，一个最显而易见的信号是身体会颤抖。当身体颤抖时，意味着身体正在努力试图增加新陈代谢活动来产生热量。

Part 5 安 全 事 项

会导致判断力出错

如果在水下陷入寒冷中，这会削弱我们的判断力，从而做出错误的决定。我们可能会忘记已经掌握的操作步骤，更加难以记起平时就没有熟练掌握的技巧。在这种情急情况下，往往会做错事。

预防低温

想要在水下生存，我们必须先了解一些知识，如人的身体失去热量的方式，以及身上哪些部位的热量会先流失。了解这些知识以后，就可以有目的地穿戴一些衣物，在潜水时保护自己。比如，可以在潜水时，穿上湿衣或者一两件氯丁橡胶背心。

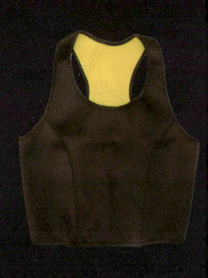

奇闻逸事

乌克兰的冬天非常冷，严寒让乌克兰许多湖泊和河流结冰，冰钓爱好者往往会趁机在冰面凿冰钓鱼，有时会发生人跌入冰洞的事情。为此，政府除了警告垂钓者这样做很危险外，还做了许多其他的救援准备工作，如让乌克兰的潜水员经常在首都基辅进行冰水中的潜水救援训练。

戴头套非常有必要

　　在潜水中，人的头部很容易失去热量，因此必须有东西来保护脑袋。人们常在潜水的设备里添上一个头套，用来在深水中帮助头部抵御寒冷。头套是一种非常有效的保暖物件，但在使用前需要一些适应时间。可以在平时训练时，在温暖的水池里先戴着头套，让头部适应这个装备。

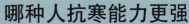

哪种人抗寒能力更强

　　在生活中，人们习惯性地认为苗条就是好身材的标准。但在潜水里，胖有胖的优势。一个人的脂肪越多，抗寒能力就越强。因此在水下，瘦的人更危险，需要做好更多保护措施。

🔬 海洋万花筒

　　在潜水时不要把面镜戴在头套外，而应该先戴上面镜，再把头套戴上。为了让呼出的空气进入头套以后能够释放出去，可以在头套顶部开一个口。

海洋万花筒

　　人们在潜水时觉得冷的原因有两个：首先，这和个人的身材有关，瘦小的人更容易感到寒冷。其次，这和潜水的方式有关。有些人一天潜水 3 次，身体得不到休息，第 3 次潜水时就容易被寒意袭击。

及时中止潜水

当在潜水中遇到危险时，往往表现为身体开始感觉到不同于以往的疼痛，也总是容易去想关于寒冷的事，甚至没有能力留意自己下潜的温度和时间，以及氧气供应。遭遇这种情况时，应该立刻停止潜水，并且向身边的伙伴求救。我们可以让自己的身体慢慢上升，奋力返回船上或者岸上。记住，千万不要等到身体颤抖时才停止潜水。因为当这种情况出现时已经太迟了。

回到岸上要监测体温

当我们结束潜水回到岸上后，要立刻脱掉自己的潜水湿衣和背心。在身体回暖的过程中，也要确保身边有人。这样做是为了避免如果自己发生意外时没人知道。氯丁橡胶虽然能在水下帮助我们隔绝寒冷，但在岸上，湿漉漉的背心反而会吸收身体的温度，因此需要及时脱下。

奇闻逸事

2007年，韩国举办了一次冰上潜水比赛，吸引了50名潜水爱好者参加。参赛选手需要在结冰的河面上匍匐前进，并跳进一个冰洞里。对喜欢潜水的人来说，这是一个有趣的活动。

开动脑筋

传导散热是指身体的热量直接转给和它接触的（ ）物体。身体内部的热量传导到皮肤，再由皮肤传导到它接触的物体。水的散热系数是空气的25倍，所以身体在水中的热量流失主要是通过传导方式散热。

A. 较冷　　B. 较热　　C. 恒温

水面安全

印度尼西亚的巴厘岛是潜水爱好者心中的圣地，但这里的潜水活动也同样面临一些潜在的风险。有一天，5名潜水员和2名教练乘船到海上潜水。他们虽然知道这里有不可预测的强海流，但那天海面上风平浪静，这让大家觉得没什么危险，于是他们在完成第一潜之后准备进行第二潜。可是下水大约10分钟后，他们发现海里的水流非常强烈，被迫停止潜水。

糟糕的暴风雨天气

由于当时正在下着暴风雨，等在船上的人员的视线十分模糊，看不到海里的潜水员。再加上船上的人员以为这次潜水要持续1小时左右，所以更加没有留意水下的情况。等船员们拉起锚后，才发现潜水员失踪了。经过72小时搜救，人们在离潜水位置20千米外的水域的岩石上发现了4名潜水员，并在附近的海域发现了1名教练，但其他人已经在这次潜水活动中失去了生命。

船只不见了

在潜水活动中可能会遭遇各种意外情况，如当我们上浮到水面时，可能找不到本应该接应自己的船只。这时候不要惊慌，因为这些船只可能正在接应其他潜水员，并没有丢下我们不管。

放流潜水要注意

许多潜水员喜欢在奔腾的水流中潜水，这就是放流潜水。这种潜水方式能够让潜水员感受到更多趣味，因为洋流会吸引和刺激海洋生物，特别是较大的鱼来到潜水员身边。可放流潜水的水流较强，容易给潜水员带来危险，甚至死亡。但如果我们听从潜水教练的指导，遵守基本的安全规范，就可以避免意外发生。

做好完善的预防措施

为了降低在海里潜水时失踪的风险，我们可以选择一家专业的潜水运营商。这家运营商需要对当地的环境非常熟悉，这样才能保证我们的安全。可是，不管这些运营商有多么专业，我们首先还是应该做好完善的预防措施，为自己的安全负责。

Part 5 安 全 事 项

当我们停止潜水，上浮到海面，却发现本该接应自己的船不在身边的时候，要做到以下几点，这样才能让船只发现我们：

（1）要始终带着充气象拔或延迟水面标志浮标（DSMB），最好选择黄色、粉红色或者橙色的充气象拔，因为这些颜色更加醒目。

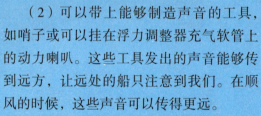

（2）可以带上能够制造声音的工具，如哨子或可以挂在浮力调整器充气软管上的动力喇叭。这些工具发出的声音能够传到远方，让远处的船只注意到我们。在顺风的时候，这些声音可以传得更远。

（3）在潜水时要记得带潜水用的手电筒。水下一些害羞的海洋生物会躲在岩石或者暗礁下。潜水员潜水时带着手电筒，就可以看清这些小可爱了。在潜水中遇到危险时，手电筒也能救我们的命。

（4）在潜水时需要戴头套，它不但可以保持我们在水下的体温，也可以抵御日晒。最好选择容易反光的、白色的、光滑的头套，这样更容易被人发现。

在潜水中，为了让自己更加安全，除了携带容易让自己被发现的装备外，也要做好另一些措施：

（1）在放流潜水时，要和其他潜水员在一起，不要独自行动。因为几名潜水员一起浮在水面上，更容易被接应的船只发现。

（2）可以和船员们多交流，让他们熟悉并记得自己。

（3）不要在海浪非常大或者海面能见度低的时候进行放流潜水，因为可能导致搜寻员更难发现自己，从而增加遇险的概率。

（4）可以把潜水的时间提前。比如，当想要在一个地方进行夜间潜水时，最好黄昏就下潜。

🔬 海洋万花筒

有一种正在开发中的信号装置或许能够帮助潜水员，这种装置的名字叫作"我在这里"。人们把一个颜色鲜艳的氮气球风筝连接到电缆上，这样就能够起到提示作用。

做好调查研究

在选择潜点时，需要多做调查研究。这是因为一些知名的潜点也可能发生事故。所以，我们可以在网上详细调查潜点的安全记录和历史，也可以在论坛上查看网友的意见。

放流潜水的准备

在进行放流潜水前，我们需要确保自己了解运营商的计划。这些计划包括遇到恶劣天气时有什么准备，或者当水下潜水指导员决定提前结束潜水时，运营商有什么紧急程序。还要确保船上留着一名员工，他可以随时和潜水指导员沟通，确保安全。如果有条件，我们可以找一家潜水店，在防水壳中使用 VHF 无线电、定位信标或者类似的设备，这可以帮助船员和潜水指导员更方便、流畅地沟通。

发生意外的处理方法

如果在海面上没有等来接应的船只，要保持信号设备正常运行，并且应该尽可能保持自己的浮力，把配重扔掉；戴好面镜和呼吸管，这是为了防止自己被海水呛到；还要戴好手套和头套，保持身体的温度。

齐心协力地自救

　　在潜水遇险时，要保持镇定和希望。可以用配重带和浮力调整器的带子把自己和其他潜水员连接在一起，这样能够保护大家不容易被海流冲散。如果发现海岸就在不远处，可以尽力游过去。在海水里游动的时候，要斜着穿越海里的洋流，这样能减少被海流冲走的风险。

开动脑筋

　　当在海面遇见突发情况时，如果穿着一件（　），就应该往里面多放入一些空气。

　　A. 干式潜水服

　　B. 湿式潜水服

　　C. 水母衣

奇闻逸事

　　2012 年 7 月，一艘渔船在巴厘岛南部海域 3 米深的洋流中救起 8 名潜水员。这些潜水员当天进行了 3 次潜水。在进行最后一次潜水时，他们被洋流冲走，被迫和潜水指导员分开。他们被冲到了很远的地方，找不到接应自己的船只。那艘接应船因为没有夜间运行灯，所以在短暂的搜寻后就被迫返回了港口。潜水员们在距离当时潜水的地点 30 千米处被渔民发现，最后被救起。

氧气的问题

有些经验不够丰富的潜水员，下潜到一些急流、冷水或者深水中时，会感觉非常害怕。在恐慌的作用下，他们会失去理智，选择快速上浮。这样的操作非常危险，可能导致这些潜水员受伤或者缺氧。这时，要给伤者进行急救，并通过口鼻密封面罩给伤者吸纯氧。

潜水店要提供氧气

一家好的潜水店应该配备充足的氧气和吸氧设备，这样才能让受伤的潜水员接受吸氧。停止吸氧的时间和时机要遵从医生的安排。

措施完善的潜水店

无论是在岸上还是在船上，潜水店都应该给遭遇减压病的潜水员提供充足的氧气，以满足其急救的需求。当潜水员被送进能提供充足氧气的医院时，潜水店的任务才算是完成了。一家成熟的潜水店，还应该保证在每次潜水中提供至少一位有急救和氧气管理资格的员工。

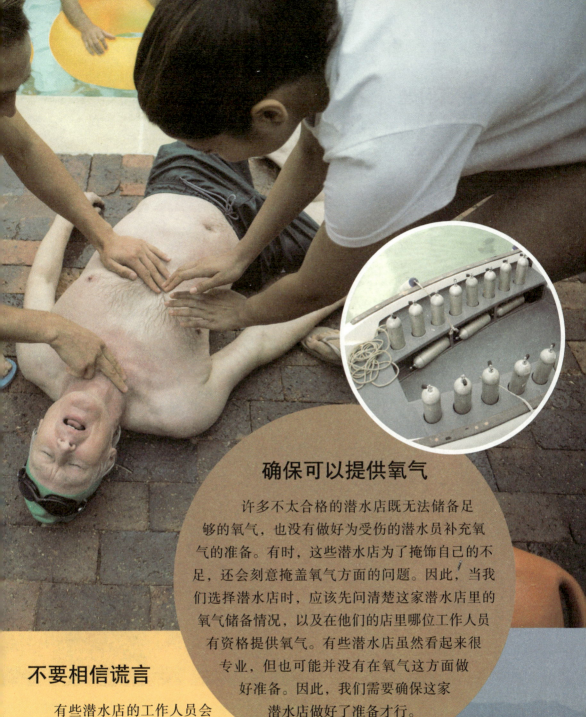

确保可以提供氧气

许多不太合格的潜水店既无法储备足够的氧气，也没有做好为受伤的潜水员补充氧气的准备。有时，这些潜水店为了掩饰自己的不足，还会刻意掩盖氧气方面的问题。因此，当我们选择潜水店时，应该先问清楚这家潜水店里的氧气储备情况，以及在他们的店里哪位工作人员有资格提供氧气。有些潜水店虽然看起来很专业，但也可能并没有在氧气这方面做好准备。因此，我们需要确保这家潜水店做好了准备才行。

不要相信谎言

有些潜水店的工作人员会告诉潜水员氧气其实不是很重要，这其实是一个谎言。任何一个接受过专业潜水训练的人都不会相信这样的谎言。说这些话的工作人员，只是觉得带氧气和氧气输送系统太麻烦了，所以才会用这些谎话来搪塞潜水员。

延迟供氧问题

有一些潜水企业虽然规模顶级，但同样也没有做好氧气方面的应急预案。有些企业会把氧气设备搬运到大船上，但很少会把这些设备再搬到运送潜水员的小船上。可是，小船往往会载着潜水员远离大船，让大船在远离珊瑚礁的地方自由漂浮。这样一来，如果潜水员出了事故回到水面上，他也得不到自己所需要的氧气。

海洋万花筒

潜水员上升的时候，设备里的氧气压力会减少，这将导致潜水员需要的氧气不足，从而造成潜水员缺氧。

氧气包老化

潜水运营商在氧气设备方面的准备，似乎很难做到非常充分。许多运营商为了救助受伤的潜水员，会在船上放置氧气包。可这些氧气包往往放在船上的时间很久却得不到使用。如此一来，氧气包在海风的侵蚀下，橡胶软管变得老化，氧气瓶的阀门也可能生锈。当有人急需氧气时，这会是一个让人担心的情景。

开动脑筋

（　　）对出了事故的潜水员是否能够生存起到了极为关键的作用。

A. 延迟供氧

B. 潜导

C. 潜水服

D. 潜水头套

要求展示氧气设备

为了以防万一，我们在潜水前，一定要找运营商问清楚氧气设备的情况。有的工作人员敷衍了事，往往只是做一个简单的手势，很随意地用手指指向绿色盒子的方向，嘴里含糊其词，并很快就转移话题。这个时候，我们不要因为担心尴尬就放过这个话题。我们有权追问氧气设备的具体情况，这是为自己的安全负责。

Part 5 安 全 事 项

安全地延长潜水时间

这是一个需要反复练习的过程。我们可以通过不断的练习来改善自己的潜水时间，以及减缓自己消耗氧气的速度。这些练习能够帮助我们不断提升潜水技能，也能让我们在水中感到舒适，从而减少耗氧量，延长潜水的时间。

必不可少的深呼吸

在海水中的深呼吸和平时的深呼吸不一样。平时的深呼吸是把空气吸进胸腔，但在海水中深呼吸时，我们要学会把氧气吸进自己的胃里。

练习这种技巧时，我们可以平躺在地上，把一只手放在胸口，另一只手放在胃部上方。在呼吸时，可以试着让胃动起来，把胸腔里的氧气再吸入胃里。这样做，能够确保氧气进入自己的呼吸系统，从而增加身体的氧气携带量。

适当调整自己的装备

许多潜水员非常担心自己下水后遭遇意外，所以在潜水之前会提前做好周密的安排。比如，人们倾向于潜水的时候，在自己的浮力调整器上挂满各种装备。许多人认为，如果遇到紧急情况，使用这些设备是很容易的事。其实把太多设备挂在浮力调整器上，不但会增加更多阻力，也会消耗自己的精力，反而增加氧气消耗。因此，如果我们要带着大量装备潜水，就需要尽量确保它们不要露在外面。

在浅水区控制吸氧量

在潜水中，我们潜水的深度越浅，消耗的氧气就越少。相应地，如果潜水的深度越深，消耗的氧气就越多。在 10 米深的水中时，消耗的氧气是在陆地上的两倍。而在 30 米深的水中时，消耗的氧气则是陆地上的 4 倍。因此，如果我们的耗氧量比较大，可以选择在浅一些的水中潜水，尽量减少在深水区潜水的时间，方便控制自己的吸氧量。

流线型的优势

当我们在进行水肺潜水或者浮潜的时候，无法看到裹成一大团的鱼。这是因为许多鱼的身体都是流线型的。鱼儿在水中的体积越小，游动就越轻松，它们消耗的氧气量就越少。人和鱼一样，在潜水时应该尽量减少自己的体积，不要用装备把自己包裹成一团。具体来说，就是在做潜水准备时，要把每一个配件的位置都放好，不要把它们露在外面。

水下安全

　　许多人不敢潜水，是因为担心被海洋生物攻击，其实海洋里是安全的。有些潜水员遭受海洋生物的攻击，是因为他们做出了激怒海洋生物的行为。因此，真正危险的并不是海洋生物庞大的身躯、暴躁的性格或者尖利的牙齿，而是人们对海洋生物的打扰。只要我们不去打扰它们，它们自然也不会来找我们的麻烦。

泰坦扳机鱼

　　泰坦扳机鱼是海洋里攻击性最强的鱼类之一。它们习惯在沙子里建造自己的巢穴，并在巢穴里产卵。如果我们在潜水时遇到了一条泰坦扳机鱼，就需要马上离开危险区。因为这种鱼有着非常强壮的下颚，可以给人类造成严重伤害。此外，我们应该沿着水平方向离开，而不是上浮，上浮也会被泰坦扳机鱼攻击。

海狼

　　海狼的身体因为反射海水的颜色，所以很难被人发现，但它是一种危险的存在。为了方便捕捉猎物，海狼经常在浅水区活动。太阳的光线穿进水里，照在猎物的鳞片上，闪着亮光。海狼就会顺着亮光向猎物发起攻击。一些潜水员因为身上的珠宝在阳光的照射下闪闪发亮，所以遭到了海狼的攻击。因此，在潜水的时候，不要佩戴项链或吊坠之类的首饰。

颌针鱼

    颌针鱼长得很像梭鱼，它们都拥有很长的尖喙，生活在浅水区。颌针鱼为了摆脱追捕者，往往游得很快。它们甚至常常跃出水面，飞过船只的甲板。这种鱼有着很强的攻击性，对潜水员是一个威胁。

海鳗

    海鳗在独处时是一种温和的鱼，可它同时也是危险的猎食者。海鳗拥有一个大嘴巴和有力的后牙，能够紧紧抓住猎物，不让它们逃脱。海鳗会攻击涉足它们领地的潜水员，它们会紧紧咬住人的胳膊或大腿，将人拖入海底，被海鳗咬过的伤口往往容易发炎，在潜水时应尽量避开它们。

海蛇

    海蛇的身材比较纤细，但它们也是海洋里毒性最强的生物之一。海蛇一般生活在太平洋和印度洋的热带水域里。不是所有海蛇都会攻击人。海蛇虽然生活在海洋中，但时不时会浮出水面呼吸，所以我们偶尔会看到它们。千万不要去激怒它们。它们的嘴虽然小，但喜欢攻击人的拇指和食指之间的虎口。如果看到它们，还是应该尽量避开。

鲨鱼

　　一提起鲨鱼，人们总会感觉非常恐惧，仿佛它们是专门杀人的怪物。其实，比起人类对鲨鱼的恐惧，鲨鱼更害怕人。比如，黑鳍鲨经常在海里的沙床附近寻找小鱼苗吃，并不对人构成威胁。但并非所有鲨鱼都无害，一般来说，只要记住"瘦鲨鱼好，胖鲨鱼坏"这句话就行了。

胖鲨鱼

　　胖鲨鱼对人类的威胁很大，它们一般生活在外海，如白鳍鲨、牛鲨和虎鲨。如果我们在珊瑚礁附近看到了这些鲨鱼在游动，就必须和它们保持距离。在保持距离的同时，最好盯着它们的眼睛看，这样受伤害的概率就小了很多。

喂鲨鱼

　　潜水员可不可以喂鲨鱼？最好不要。很多人认为，喂鲨鱼是一件不恰当的事情。这会导致鲨鱼认为哪怕自己不去捕食，也能吃饱。所以，这样做反而会害了鲨鱼，甚至影响到它们的生存。此外，鲨鱼一般生活在珊瑚礁附近。如果人们肆意喂鲨鱼，可能会给珊瑚礁以及它附近的鱼类带来损害。

蓝环章鱼

　　蓝环章鱼是一种毒性很强的章鱼，它们的毒液剧毒无比，并且没有解药。人类一旦被它们咬到，则必死无疑。蓝环章鱼的性格很怂，遇到威胁时，它们的第一反应是逃跑。只有在走投无路或者感到无比愤怒时才会攻击人类。

海胆

　　潜水员在潜水时较少遇到蓝环章鱼，倒是经常遇见海胆。在夜间潜水时，海胆则更加常见。因此，经常发生潜水员被海胆刺伤的事故。虽然海胆没有毒，但它们的刺很难去除。人们被刺中的伤口会很疼，而且这种疼痛会持续相当长的一段时间。

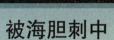

被海胆刺中

　　海胆居住在海底，所以哪怕是为了远离海胆，我们也要熟练掌握上浮的技巧。可是百密一疏，有时人们还是很容易会被海胆刺中。遇到这种情况时，可以尝试拔出整根刺，在被刺中的部位涂上氢化可的松乳膏。这样做能够减轻被刺伤部位的炎症，但疼痛感需要好几个星期才会消失。

小心这些鱼偷袭

　　狮子鱼、石头鱼都是同一个家族里的成员，它们的体型都比较小，而且背上长着毒刺。狮子鱼经常把自己悬挂在珊瑚礁上，伪装成一片漂浮的杂草，随时准备扑向猎物。石头鱼也喜欢伪装和隐藏自己，它们会把自己身体的颜色变化成珊瑚礁或者墙壁的颜色，隐藏在海床里的岩石上。

不要在水下乱舞手臂

　　如果我们拥有良好的上浮能力，就能避免被这两种鱼伤害。有时，潜水员会在水里到处挥舞自己的手臂，或者把手臂放在伪装成岩石的石头鱼上，导致自己被咬。当然，人们在情绪紧张时也会把手乱放，导致自己被咬。所以，尽量保持情绪稳定吧。

海洋万花筒

　　狮子鱼也叫蓑鲉，它们习惯生活在温带靠海岸的岩礁或珊瑚礁中，也会生活在水草丛、沉船残骸或者桥桩。狮子鱼通常在 1～50 米深的海水中活动，但也有一些狮子鱼在水下 300 米处生活。

被刺中的后果

　　如果我们在潜水时被这些带有毒刺的鱼类刺中，就会立即感到疼痛。伤口会有一些肿胀，伤口附近的皮肤会变成紫色或者黑色，还可能会感到恶心，导致呕吐、休克、呼吸停止甚至心跳停止。所以，在潜水的时候，需要一个细心、体贴的潜水伙伴来照顾自己。

奇闻逸事

　　如果被狮子鱼刺到了，可以考虑用热水冲洗伤口，水温尽可能要高。当这种刺痛感比较强烈时，就需要寻求医生的帮助了。如果出现了过敏的症状，或者之前没有被狮子鱼刺过，也需要立即寻找医生帮助自己。有些潜水员只是感觉自己被刺后，身体不太舒服，就去寻求医生的帮助，这样当然也是可以的。

Part 6
潜水探索

研究人员虽然已经发明了许多先进的装备和潜水技术，但是并没有止步不前，他们依然在不停地探索新的潜水技术以及潜水装备。他们曾经深入危险的死亡泉眼，去探索深海洞穴的秘密；也发明了先进的潜水机器人，代替潜水员深入危险之地。

洞穴潜水

洞穴的恐怖气氛似乎与生俱来。当我们进入一个洞穴，黑暗、幽闭、令人窒息，让我们恐惧，漆黑的那头是未知的世界，让我们轻易地感到了自己的渺小和无力，但也正是这份未知，让我们欲罢不能，想要知道黑暗的后面会不会有光的存在。

洞穴潜水很危险

如果你喜欢技术潜水，那么可以选择冰潜、矿井潜水、垃圾潜水、海墙潜水，以及各类型的船潜。作为技术潜水的分支之一，洞穴潜水毫无疑问是难度最大、死亡率最高的潜水方式。洞穴潜水员的人数只占潜水员的万分之一，可事故发生的概率却占了潜水事故的一大半。

一旦设备故障后果难料

普通潜水一般在开放水域潜水，潜水员遇到问题时可以立即上升至水面，呼吸到赖以生存的空气，即使设备出现故障，也有充足的光线可以处理问题并寻找潜伴。而洞穴潜水是在黑暗的遮顶空间环境下，容错率极低，一旦失去有限的空气或照明，或因失去出洞的导向而无法离开封闭环境，就只有窒息而死一种结果。

冒险潜入洞穴的后果

洞穴潜水虽然风险极高，但由不可预测的环境因素和设备故障而引发的事故仍然只占少数。据统计，近年来超过 400 名死于洞穴探秘的潜水员中，大部分都没有洞穴潜水证书，也就是说，在没有经过专业的洞穴潜水培训和尚不具备足以应对复杂状况的能力下就贸然涉险，这才是导致发生事故的最关键因素。

技术难度很大

洞穴潜水是技术潜水的一个分支，因此想学习专业的洞穴潜水，最好有充分的技术潜水背景。技术潜水比起休闲的开放水域潜水，对装备、意识和经验的要求都更上了一个层级。

洞穴潜水要求很高

洞穴因狭窄、密闭等特性，往往对潜水员的中性浮力和踢法有极高的要求，一丝丝不必要的上下浮动，还有蛙鞋抖动，都有可能带起洞穴底部的泥沙，造成能见度急剧下降。为了节省体力，洞穴潜水员往往会借用水下推进器来前行。同时为了携带尽量少的气瓶来满足长时间的耗气，很多洞穴潜水员会使用循环式呼吸器系统。如果洞穴的深度较大，在出洞之后的上升过程中，也需要进行减压程序。

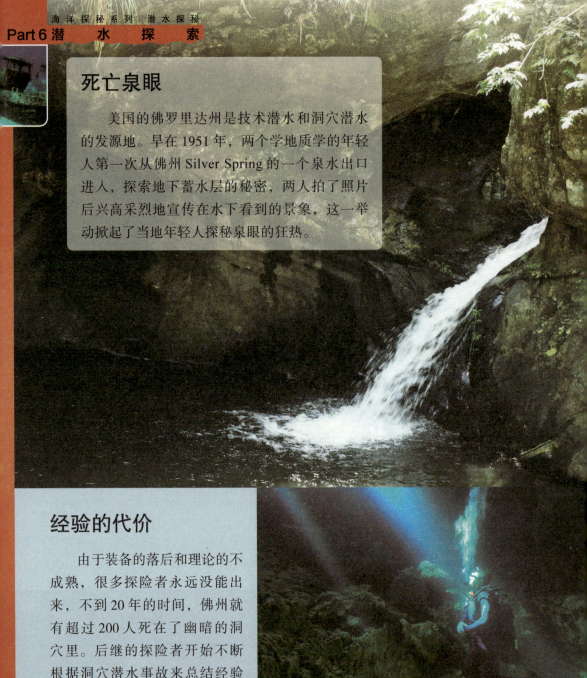

死亡泉眼

美国的佛罗里达州是技术潜水和洞穴潜水的发源地。早在 1951 年，两个学地质学的年轻人第一次从佛州 Silver Spring 的一个泉水出口进入，探索地下蓄水层的秘密，两人拍了照片后兴高采烈地宣传在水下看到的景象，这一举动掀起了当地年轻人探秘泉眼的狂热。

经验的代价

由于装备的落后和理论的不成熟，很多探险者永远没能出来，不到 20 年的时间，佛州就有超过 200 人死在了幽暗的洞穴里。后继的探险者开始不断根据洞穴潜水事故来总结经验和改进装备，这些经验原则奠定了洞穴潜水训练的基础。

海洋万花筒

世界上大多数适合洞穴潜水的地点都较偏僻，无法像那些成熟的潜水地点可以提供装备、气瓶和后勤服务，所以，每一次洞穴潜水活动，都必须要做好计划和准备，带足装备、后勤和补给。对潜水员而言，必须要经过足够训练，准备双份装备，才能完成一次洞穴潜水活动。

墨西哥的神秘洞穴

　　在墨西哥尤卡坦半岛的丛林深处有许多隐藏着的大大小小的圆形水洞，即沼穴。它们有的直径达到 1 米宽，有的则超过 50 米。"沼穴"一词最早来自玛雅语，意思是"圣井"。目前，我们所知道的沼穴有大约 3000 个，但研究人员估计沼穴的数量大约有 1 万个。这些地下水域隐藏在许多石灰岩的孔洞里，因此，潜水员可以穿过洞口，并从那里发现巨大的地下洞穴。

洞穴内的意外发现

　　墨西哥的这些沼穴长达1000多千米，潜水员在这里发现了很多令人振奋的史前文物。因为在一万年以前，这些洞穴是干燥的，人和动物在洞穴里居住，以此来寻求庇护。所以，研究人员会在洞穴里发现老炉灶的遗迹和一些人类、动物的骨骸。他们甚至还发现了巨型树懒、大象的骨骼。

洞穴潜水定位

洞穴潜水其实并不危险，但需要良好的训练以及特殊的潜水设备。最重要的是永远不要忘记洞穴里的绳子，因为潜水员只有通过绳子才能找到出口。第一波潜水员会带来一根细绳，并将它固定，这样后续的潜水员可以在洞里更好地进行导航和定位。

洞穴潜水设备

洞穴潜水员总是需要带两套必需品，所以他们有两套呼吸器、两台潜水电脑、两盏灯和一个备用面镜。这样做是以防万一，可以更安全地在洞穴里进行潜水。此外，合理分配空气十分重要，进入洞穴时，用气量为1/3，回程为1/3，剩下的1/3作为储备。洞穴潜水员有时也使用推进器，这会让他们更容易通过非常长的洞穴通道。

奇闻逸事

水下考古学家曾在沼穴里发现了一个形状特殊的罐子，里面居然保存了以前的巧克力。巧克力在以前是十分昂贵的，一般只有贵族才能享用。

开动脑筋

在洞穴潜水中，潜水员一般是通过什么来到丛林地表的洞口到达地下的?( )

A. 绳梯   B. 气瓶

C. BCD   D. 潜水电脑

洞穴中的工作

　　如果潜水员想在洞穴里发现和记录某些东西，他们通常没有多少时间，因为可以用来呼吸的空气是有限的。所以，现在的洞穴潜水员都会带上水下相机。他们迅速拍摄完各个方向的发现，然后带回去，研究员之后会在计算机上将这些照片组成一个 3D 模型。如此一来，研究人员就不必移动发掘物，也不必花一些没必要的金钱在上面。

古老的沼穴

　　对玛雅人而言，沼穴不仅是淡水的来源，他们还将沼穴当成宗教仪式和祭祀的场所。除了陶器、斧头、异国的贝壳镜子等外，研究人员还在这里发现了人类的骨头。这主要是因为玛雅人在祭祀雨神的时候会把活人当作祭品。即使到了今天，玛雅人的后裔也会为神供奉香火、鲜花、小动物等。

潜水机器

　　带着潜水装备进行研究是一项极为复杂而且艰难的任务。潜水器中的科学家在几小时后就必须返回水面，在潜水器再次潜入水中之前，必须给电池充电，然后重新输入氧气。

远程遥控潜水器

　　即使穿着潜水服或者乘坐潜水器，潜水员在有些地方潜水也是十分危险的，比如，有时需要经过水下极其狭窄的空间和隧道，这对人类来说是极其危险的，因为潜水员很有可能会被卡在途中，并且海洋中的许多地方都深不可测。因此，科学家们会使用机器和大小不同的机器人来替代人类完成一些人在水下无法完成的任务。而这些机器就被称为 ROV，是远程遥控潜水器的简称。

KIEL6000 潜水机器人

　　KIEL6000 是赫姆霍兹海洋研究中心根据总部所在地和它最大的潜水深度所命名的。这个潜水机器人需要一艘大型研究船才可以容纳。这个重型货物集装箱里面包括指挥中心、机器人以及有着长电缆的巨大绞车。这个机器人的两侧有两个机械臂，几乎可以在所有的方向旋转并完成任务。

3 名船员操控

　　这个机器人重达 3 吨，由 3 名船员操控。两个人负责机器人的移动，第三个人则负责机械臂的移动以及操作测量工具。船员们坐在集装箱的控制室里，通过连接机器人的摄像头来观察水下环境。机器人拍到的所有图片都会传到这里，并且在大屏幕上显示。

🔖 奇闻逸事

　　来自德国基尔市的赫姆霍兹海洋研究中心发明的机器人 KIEL6000，与来自不来梅市的海洋环境科学研究中心所研发的机器人 QUEST，经常对人们所熟知的海底"黑烟囱"进行研究。这种海底"黑烟囱"是海水从海底射出的，许多矿物质溶解在水里，水的颜色变黑，看起来就像是奇怪的烟囱。这种"黑烟囱"的温度可以超过 400℃！尽管有着高温、强压和永恒的黑暗，但仍然有大量的管虫、螃蟹、贝壳和细菌生活在它们周围。

寻找古老的原始鱼类

有了科研潜水器，人们才有机会研究一种非常特殊的鱼类——腔棘鱼。这种鱼被人们认为早在 6500 多万年前就已经灭绝，直到人们在东非沿海发现了它们的身影。1987 年，科学家在黑暗的海洋深处追踪到这种可以长到 2 米长的古老生物，并对其拍了照片和视频。

萌态十足的"海斗一号"

2016 年，我国开始研发新一代深海探测器"海斗一号"。2019 年完工后，"海斗一号"开始在千岛湖和南海进行了实验，初步完成"热身"。2020 年 4 月，"探索一号"科考船搭载着"海斗一号"来到西太平洋的马里亚纳海沟，开始对这个地球上环境最恶劣的区域之一进行探索。"海斗一号"出色地完成了任务，下潜深度达到 10 907 米，创造了中国潜水器的最大下潜深度纪录。

🔖 奇闻逸事

在"海斗一号"之前，我国就已经拥有了许多深海探测器，如"奋斗者号""潜龙号""蛟龙号""海斗号"。早在 1996 年，"海斗号"就已经在马里亚纳海沟下潜了 10 767 米，让我国成为拥有下潜深度超过 1 万米潜水器的国家。在我国之前，只有美国和日本拥有这样的潜水器。

"蛟龙"入海

2009 年，我国自行设计和研制的载人潜水器"蛟龙号"正式建造完成。这个潜水器的长度达到了 8.2 米，宽度为 3 米，高度则有 3.4 米。当时"蛟龙号"的最大下潜深度是 7062 米，能在全世界 99.8% 的海域自由行动，可以达到全世界同类型载人潜水器的最大下潜深度。

"蛟龙号"的探测成果

自从 2009 年以来，"蛟龙号"已经在我国南海、西太平洋的马里亚纳海沟等 7 个海域进行了上百次成功下潜。"蛟龙号"的下潜带来了丰厚的成果，它带回了许多海底珍贵的视频和图像资料，也获取了高精度定位的海底地质信息和深海生物的样品。

🔬 海洋万花筒

山东有着绵长的海岸线，在我国的海洋科技研发领域具备很强的实力。山东承担了我国将近一半的重要或大型海洋科技工程，"蛟龙号"载人潜水器就是山东的又一杰作。此外，潜水器"海龙二号"和"潜龙一号"等，也和"蛟龙号"一起，成为山东强大海洋科研实力的证明。

Part 7
潜水世界

在潜水的世界里，并非只有人类在尝试和探索，还有一些潜水高手，无须凭借任何装备，就可以下潜到极为寒冷的深海之中，如抹香鲸、象海豹等。还有一些潜水胜地，也每时每刻都吸引着世界各地的潜水爱好者，如大堡礁。

潜水高手

鲸属于哺乳动物，它们和人类一样都是用肺部来呼吸。它们经常会游到水面来呼吸。它们中有的成员是世界上体型最大的动物，并且拥有极强的潜水能力。它们进化出了独特的声呐系统，这让它们即使在寒冷且黑暗的环境里也可以自由地导航。

会潜水的白鲸

白鲸不仅生活在寒冷的北极，还生活在入海口的浑水中，它们在这里一边哺育孩子，一边捕食鱼类。它们属于群居性动物，通过声音来交换信息和确认彼此的位置。白鲸可以潜入 300 米以下的深海中捕食。

水底的歌声

人们会在水下几百米处听到各种叽叽喳喳的尖叫声和愉快的"哼唱"，而这些声音都来自白鲸。所以，它们也被称为"海洋中的金丝雀"。除了白鲸外，凶猛的座头鲸、海豚和黑白色的虎鲸同样都会在水下发出明亮的声音。

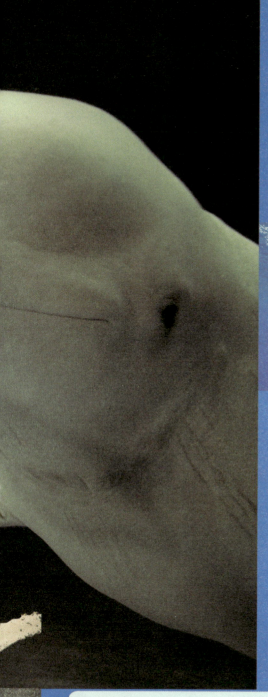

潜入深海的抹香鲸

抹香鲸在海洋的深处寻找猎物，它们以管鱿目动物为食，这种生物主要生活在数百米甚至数千米的深海里。抹香鲸可以潜入 3000 米深的地方捕食，它们的潜水时间通常会达到半个多小时，有时候甚至可以超过 1 小时。

不会患上潜水病的抹香鲸

抹香鲸在深海中潜水，为什么不会患上潜水病呢？这是因为大自然赋予了它们一项特殊的技能，即在潜水前吐气。当开始下潜的时候，抹香鲸的肺部被水压一步步压缩，直到完全塌陷。所以，它们在潜水的时候不会溶解任何气体，也就避免了潜水病。抹香鲸只在血液中传输少量的氧气，其他的氧气则主要储存在肌肉里。这也就是人类无法像它们一样适应极端的潜水环境的原因之一。

📖 奇闻逸事

龙涎香是一种偶尔会在抹香鲸肠道里形成的蜡状物质，是一种珍贵的海产品。抹香鲸把巨乌贼一口吞下，但消化不了巨乌贼的鹦嘴。它们逐渐在小肠里形成一种黏稠的深色物质，这种物质即为"龙涎香"。它储存在抹香鲸的结肠和直肠内，刚取出时臭味难闻，存放一段时间后逐渐发香。"龙涎香"是使香水保持芬芳的最好物质，用作香水固定剂。

厚脂肪可以阻挡寒冷

　　白鲸、一角鲸和北极露脊鲸一生都在寒冷的北极度过，它们可以在冰冷的水域潜水，不会因低温而死。座头鲸、长须鲸、灰鲸和蓝鲸等则会跋涉几千千米，穿梭于热带和极地海洋之间。它们身上厚厚的脂肪可以让它们在寒冷的水里保持温暖，这也算是一种天生的优势。

鲸不能一直处于潜水状态

　　无论鲸能下潜到水面多深的地方，它们都不能一直处于潜水状态。因为它们用肺呼吸，需要露出水面才能呼吸。一次呼吸之后，它们可以重新潜入水中。不过，鲸的种类不同，呼吸间隔的时间也不一样，如抹香鲸一次呼吸之后，可以长达 1～2 小时不用呼吸，而小型齿鲸每隔 5 分钟左右就得呼吸一次。

✺ 海洋万花筒

　　鲸潜入水中需要承受一定的水压，潜水越深，水压也就越大。鲸之所以能承受深海的水压，是由其身体结构决定的。鲸的肋骨、胸骨、脊椎骨连接的地方非常松弛，而且胸部比较柔软，当承受巨大水压时，胸部会收缩，肺也会随之收缩。

象海豹的潜水记录

　　一只名叫特斯拉的象海豹生活在南极周围的冰冷海水中，它属于鳍足类动物。几年前，研究人员在它的身上安装了一个小型的潜水记录仪，记录仪也因此记录下了这只象海豹游泳的位置、潜水深度以及潜水时间。10个多月后，记录仪从特斯拉的身上掉了下来，被海水冲到了大西洋中的一座岛屿的沙滩上。最后这个记录仪被游客发现，并寄给了科学家。

了不起的进化成就

　　科学家在记录仪中发现，这只象海豹每天潜水好几个小时，它在水下1000多米的地方进行捕食，主要以乌贼和一些小鱼为食。特斯拉会返回水面停留短暂的几分钟进行呼吸，之后再一次潜入水中。它一直重复着这个过程，几小时之后，才会进行长时间的休息。而这种能力则要感谢哺乳动物了不起的进化成就，让它们可以自由地潜水，身体也会进行特殊的自我调整。

哺乳动物的潜水反射

特斯拉在潜水的时候，皮肤、肠和鳍中的血管会被闭合，所以，它只需要向大脑等重要器官提供血液即可。它在下潜之后，心跳的速度也会因此变慢。哺乳动物这种对潜水的适应能力叫作潜水反射。人类同样保留了潜水的适应能力，运动员可以通过训练来激发自己的潜水反射，然后就有了各种不可思议的自由潜水纪录。

海豹家族的潜水能力

特斯拉的潜水能力显而易见，而其他象海豹也是一样，它们在上升到水面的几分钟里，心脏只跳动 5 次。如此一来，鳍足类动物减少了耗氧量，因此也能长时间待在水里和潜入深水中。

🔬 海洋万花筒

生物学家将鳍足类动物一共分为 3 个细类，即海狮、海豹和海象。

海狮有一对可爱的耳朵，它们可以将后肢放下身下，在陆地上灵活地行动。

海豹没有外耳郭，而是在耳道入口处有一个小开口。与海狮靠前肢移动不同，海豹在水里主要靠后肢移动。

海象只生活在北极，并长有象征等级的巨大的獠牙。

出色的鳍足类潜水员

　　鳍足类动物都是出色的潜水员。它们大部分时间都待在水里，一般回到陆地是需要交配和养育幼仔。鳍足类中的大多数物种都生活在寒冷的海洋之中，身体也都被一层厚厚的脂肪包裹，使它们并不觉得冷。并且，所有的鳍足类动物的身体都像是一枚鱼雷，这可以使它们在水中行动的时候减少阻力。然而，鳍足类动物在陆地上生活则相对困难，海象等通常都只离开海滩几米远。

感知水中细微的漩涡

　　港海豹和灰海豹生活在北海和波罗的海，它们嘴上的触须十分敏感，可以感知水中细微的漩涡。因此，即便距离猎物有四五十米远，它们仍然可以在水中或者黑暗的环境中捕捉猎物，然后将捕捉到的鳕鱼、鲱鱼或者比目鱼一口吞下。未来，人类也会将海豹的胡须作为潜水器灵敏的传感器的制作模型，借助它们来发现洋流中的微小差异。

📙 奇闻逸事

　　人们经常会在港海豹和鼠海豚的尸体上发现伤痕。通过多年的研究和探索，科学家发现，灰海豹除了主要捕食鱼类以外，还会攻击它们的近亲港海豹和鼠海豚。而灰海豹是德国附近海域中最大的食肉动物，体重可以达到 250 千克。

小型潜水生物

一直以来，人们都在不断探索海洋的奥秘，因为海洋生物有时候会让人大吃一惊。在海洋中，有这么一群小型潜水生物，它们独特的生存本领让人惊叹。

黄缘龙虱的供气系统

黄缘龙虱栖息在池塘或者水流较为平缓的水域里，属于比较贪吃的水下食肉动物。从蝌蚪到昆虫幼虫，再到小鱼无一放过。黄缘龙虱的翅膀下方有一个储气囊，它通过体内的分支管装系统将储气囊里的空气导入身体。这种供气系统并不叫肺，而是呼吸管。它们在水中捕食近半小时以后，再回到水面将后腹部外露，重新吸入空气。

水下生活的蜘蛛

世界上有一种蜘蛛可以在水下生活，那就是水蜘蛛。它们用细丝将气泡系在水生植物上，然后住在里面。它们从气泡中吸入氧气，可以屏气好几分钟。

🌀 海洋万花筒

水蜘蛛对水质的要求很高，它们一般生活在洁净、水草丰富、四季永不干涸的池塘、河流中，对环境的变化比较敏感，由于水体污染、水源减少、食物减少等原因，水蜘蛛种群数量明显减少，很多地方已很难发现水蜘蛛的踪迹。

在水里生活的山螈幼崽

雄性山螈和雌性山螈在交配的季节，腹部呈明亮的橙色。雌性山螈将卵产在小池塘或者湖中，并把它们黏在水生植物或树叶上。在其他时间，大部分山螈则会在陆地上觅食，寻找甲虫等食物。新孵化的幼崽长有鳃，并在水里生活几个月，等到肺部发育了，就可以在陆地上生活了。

海龟是出色的潜水员

海龟可以在水里待很长的时间。虽说这种生物也需要定期来到水面获取空气，但其余的大部分时间，它们都生活在海里。它们可以在海里静躺几小时。它们的肠子也可以呼吸，通过肛门吸入海水，然后再利用直肠附近的肛囊吸收水里的氧气。

🗒 奇闻逸事

海龟最怕的并不是鲨鱼，而是一种叫作藤壶的生物，海龟只要遇见这种东西就只有等死！它们会寄生在海龟的身体上，甚至还有可能会穿透龟壳，直接扎进肉中吸取海龟的营养，久而久之，海龟就会负担过重，游速逐渐降低，最后饿死。

Part 7 潜 水 世 界

崖海鸦是优秀的潜水员

　　海鸟几乎都只在海面捕食，它们会捕捉鱼、虾之类的小型生物。崖海鸦是优秀的潜水员，它们居住在北海。它们用翅膀在水中一上一下地摆动，可以一直潜到 150 米深的地方。

会潜水撞击鱼群的北鲣鸟

开动脑筋

以下哪种鸟不属于海鸟？（　　）
A. 海鸥　　　　　　B. 白鹭
C. 信天翁　　　　　D. 鹦鹉

　　海鸥很会游泳，但它们的飞行状况不稳定，看起来并不是很优雅。相比之下，威严的北鲣鸟可以以极快的速度直接从高空坠落，然后在最后一刻将翅膀贴近身体，直接撞击几米深处的鱼群。

答案：D

海洋中的绿色草地

陆地上有数不胜数的开花植物，但它们在海中则很罕见。海草生长在浅水区域约 15 米深的海底。世界上许多海滩附近都有大片的海草，形成了海中绿色草地。但是在进化的过程中，海草的花朵已经大大退化了。

绿色草地是潜水的好去处

绿色草地是潜水和浮潜的好去处，因为在细长的叶子之间藏着许多动物。海草对于海岸的保护非常重要，因为它们的根部可以留住沙土。由于它们的存在，一场风暴过后，可能只有部分的海床被冲走，而海岸的受损程度很小。

奇闻逸事

日本人很爱吃"海草"，就算进口也要吃。"海草"在我国却无人问津。有一种菜被日本人视为"长寿菜"，它就是羊栖菜，这是长在沿海浅滩岩石上的一种藻类。在日本，羊栖菜的消费量很大，别看羊栖菜不起眼，其实它是一种营养很丰富的植物，经常吃对人们的身体大有裨益。

海洋馆里的潜水工作

　　海洋馆里有许多各种各样的海洋动物。无论是鲨鱼还是观赏鱼，它们离开了海洋来到海洋馆后，都需要人照顾。海洋馆的潜水员便承担起了这份工作。他们穿着潜水服，背上氧气瓶，套着蛙鞋，不但要亲自为动物们喂食，也要学习很多知识，了解海洋动物的生活习性，有时还需要为生病的动物打针。

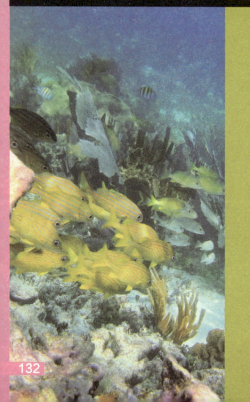

既辛苦又快乐的工作

　　海洋馆的潜水员的工作既辛苦又快乐。潜水员每天至少要在水里浸泡4小时，他们需要擦水藻、吸走海水里的污染物，也需要给动物喂食。潜水员擦水藻时，身上要背着一个8千克重的铅块和氧气瓶，非常累。与此同时，他们可以享受在水中舞蹈，与动物们共享快乐时光。

🗂 奇闻逸事

　　如果海洋馆里饲养着章鱼，海洋馆的潜水员还要潜入8～10℃的冷水中，负责照顾章鱼。在这样低的温度下，潜水员不但会被冻僵，手脚也有可能会被淘气的章鱼用触角缠绕起来，这常常让潜水员们烦恼。

长途旅行的鱼

在挪威海岸，水族馆里的动物管理员也被叫作养鱼爱好者，他们有一个水箱，里面有许多水槽。潜水员将收集的动物装进运输卡车之前，它们会在那里生活一段时间。卡车里有自己的冷却系统，并用细软管把空气导入水中。氧气持续地溶解在水中，以此供给动物呼吸。

水底的泵坏了怎么办

海洋馆里的潜水员有许多工作，水底的泵可能会停止运转，所以必须及时更换；潜水员带着工具来到水下，用工具松开螺丝或者把新的紧固件钻到墙上；内侧的玻璃必须每隔几天擦一次；有时一些潜水员还会扮作"美人鱼"进行表演。当然，潜水员必须非常小心，以免受伤。

🔆 海洋万花筒

海洋馆里的动物生活在可以检测水质的水箱里。只有专家才可以安全且长距离地运输动物。大多数中等体型的鱼只需要很小的空间栖息，因此它们可以被放在水箱里，但是水生的哺乳动物则不行。

潜水胜地

　　海底世界五彩斑斓，令人着迷，想要看得透彻，必须亲自潜水看看才行。现如今，潜水逐渐成为深受人们欢迎的运动之一。很多美丽的潜水胜地分布在世界各地，等待潜水爱好者去亲身体验。

大堡礁

　　大堡礁是世界上最大、最长的珊瑚礁群，也是凯恩斯最重要的旅游目的地，每年吸引成千上万的游客。早在1981年，它就被列入世界自然遗产名录。随着游客数量的增加，凯恩斯当地政府限制了每天的人流量。

🌊 海洋万花筒

　　大堡礁蜿蜒穿过澳大利亚东海岸，长达 2000 多千米。凯恩斯附近海域的珊瑚礁距离海岸和海平面很近，使它成为观赏大堡礁的最佳地点。

大堡礁的潜水胜地

伊丽莎白礁位于大堡礁的圣灵群岛地区。这里的珊瑚很有特点，它们就像商量好了一样，长到边缘的地方就停了下来。人们无论在空中还是在水底，都会被海底的美景所震撼。在这里潜水时，还能遇到种类非常丰富的鱼群，可以和它们一起在海底畅游。

在澳大利亚的凯恩斯市附近有一个著名的潜点，它就是布里格斯礁。这里不仅有深深吸引人的碧蓝色天空和海水，还有大量珊瑚群和海龟、海豚。

大堡礁珊瑚的白化现象

研究人员说，2016—2017 年的珊瑚白化现象是导致大堡礁珊瑚减少的主要原因之一。当海水温度较高时，珊瑚颜色会变浅，出现白化现象。这种现象不会导致珊瑚立即死亡，但如果海水持续保持较高的温度，珊瑚就会逐渐死亡，众多鱼类和海洋生物也会失去栖息地。

神秘的潜水天堂东帝汶

位于菲律宾、马来西亚、印度尼西亚、巴布亚新几内亚、东帝汶和所罗门之间的这片海域被称为"珊瑚大三角"，是全球海洋物种多样性的中心。其中东帝汶地处印度洋和太平洋交汇处，班达海和帝汶海共同孕育了这个神秘的潜水天堂。

东帝汶最大的岛屿名叫阿陶罗岛，是一个有名的潜水胜地。潜水员在这里可以近距离感受海底的原始美，体验和海底生物亲密接触的快乐。岛上的居民神秘而纯粹，以捕鱼和手工业为生，可以让人感受到生活的本真和自然。

🌀 海洋万花筒

东帝汶海域拥有至少 22 种鲸，如飞旋海豚、蓝鲸、大翅鲸、领航鲸等。这里有近 760 种鱼类，超过四王岛的生物多样性纪录。东帝汶水域拥有大约 400 个构成珊瑚礁的珊瑚物种，与澳大利亚的大堡礁相当。

十大奇迹之一的"海之眼"

　　"海之眼"是指被称为世界十大奇迹之一的伯利兹蓝洞，从空中俯视，它看起来像海的眼睛，因此被称为"海之眼"。其深度为 137 米左右，形成时间估计为冰川末期，由于气温极低，水在冰盖和冰川中结冰，海面急剧下降。由于一些特殊的原因，位于石灰质地带的这里形成了岩溶空洞。

雅克·伊夫·库斯托的发现

　　雅克·伊夫·库斯托把伯利兹蓝洞评为世界十大潜水胜地之一，并于 1971 年进行了探勘测绘。很多潜水爱好者因"海之眼"而来，并被它的魅力深深吸引，他们丝毫不惧怕未知的危险和鲨鱼群，潜入大海，访问这个神秘而安静的地方。

探险爱好者的潜水天堂

　　印度尼西亚不仅拥有著名的巴厘岛，还拥有号称"龙王国"的科莫多岛。科莫多岛上有一处景点，名叫食人岩。别看这个景点的名字可怕，却是一个著名的潜点。这里有一座埋在海里的小山，丰富的色彩在这里展现。紫色的骷髅虾、红色的海苹果和绿色的海葵在其中盛放，构成了一处 360° 无死角的美景。

美丽的弗洛雷斯海滩

弗洛雷斯海滩拥有清澈的蓝色海水，非常适合游泳和浮潜，它被誉为世界上最好的潜水场所之一，拥有许多稀有和珍贵的海洋生物。参观者将有机会看到五颜六色的珊瑚，体验与蝠鲼一起游泳的感觉。

原始的拉贾安帕特群岛

拉贾安帕特群岛是由 4 座大岛和 1500 多座小岛组成的群岛，它拥有原始的自然景观，是拥有地球上已知最多海洋生物种类的地方，其中一个珊瑚三角地区被认为是亚洲超现实的美丽地方之一。

奇闻逸事

来到科莫多岛，除了有令人心生敬畏的科莫多龙和丰富多彩的潜点之外，最充满梦幻色彩的就是这里的粉色沙滩了。造就它的是红珊瑚的尸体，虽然粉色沙滩在世界上非常受欢迎，但是科莫多岛上的这个粉色沙滩却人迹罕至。

潜水人的理想目的地

根据地球保护协会的描述，这些小岛拥有地球上最令人难以置信的丰富动植物，包括537种珊瑚和1074种热带鱼。拉贾安帕特群岛因此成为那些喜欢潜水的人的理想目的地。

潜水人新鲜的感觉

由于很少有人居住，拉贾安帕特群岛并没有丰富的旅游业，因此这里总是给游客一种感觉：他们是第一个探索这个潜水天堂的人。在这里，你可以轻松欣赏鲸、海龟和各种热带鱼，它们的形状和颜色令人印象深刻。

终极潜水胜地帕劳

可以说没有蓝角，就没有帕劳。蓝角吸引了大部分潜水员来到帕劳，它被称为潜水爱好者毕生追求的终极潜水胜地。这里有一个经典的潜点，名叫帕劳1号，紧挨着蓝洞。其特点是鱼流量大，适合经验丰富的潜水员潜水。蓝角有独特的地形，水流湍急多变，有很多鲨鱼和各种深海鱼类，可以让你大饱眼福。

扬格拉沉船潜点

扬格拉沉船潜点位于珊瑚海东部，在澳大利亚第四大城市汤斯维尔沿岸的东北。它与汤斯维尔的直线距离约 82 千米，它被公认为世界上最好的沉船潜点之一。沉船的位置在水下 26 米左右，新手潜水员不会觉得太吃力，经验丰富的潜水员也不会感到缺乏挑战性。此外，潜水员大约用一瓶氧气就可以绕船一周。因此，这里很适合潜水员们游览。

海狼风暴潜点

马来西亚诗巴丹岛的海狼风暴潜点被称为"神的水族箱"。世界潜水之父雅克·伊夫·库斯托把它誉为"未曾受过侵犯的艺术品"。每年都有世界各地的潜水员慕名而来，只为一睹海狼风暴所带来的震撼。

拥有迷人景致的塞班岛

塞班岛是北马里亚纳群岛中最大的岛屿，被誉为潜水员的天堂。细白的沙滩、湛蓝的海水、热情的椰树、美丽的珊瑚、色彩斑斓的热带鱼……无不向游客展示着其迷人的海岛风情。有名的潜点有宝宝海滩、欧比滩、蓝洞、军舰岛和万岁崖等。

潜水胜地开曼群岛

开曼群岛位于加勒比群岛西部，是英国的一个海外属地。这个群岛由开曼布拉克、小开曼和大开曼 3 座岛屿组成。开曼群岛由于其特殊的地理位置和性质，是一个著名的"避税天堂"和金融中心，同时也是世界上著名的潜水胜地。

邦妮的拱门

开曼群岛是一个非常适合潜水的地方。需要留意的是，在这片海域，如果水深超过 25 米，水下的暗流就会形成低洼，给潜水员带来危险。不过，如果人们的潜水深度不超过 25 米，则不会有什么危险。在这里潜水，人们可以看到一座迷你峭壁、一处不完整的洞穴和一个拱门。

图兰奔：潜水员的乐园

在巴厘岛东北部有一个海边小镇，它的名字叫图兰奔。它并不是一个普通的小镇，而是世界上最美的潜点之一。这里的海岸少有沙滩，反而布满了鹅卵石和黑沙。1963 年，这里的火山爆发。这次火山爆发不但没有影响图兰奔的海水质量，还把当地的沉船"自由"号拖至海底，使其成为潜水爱好者的天堂。

"自由"号沉船

　　第二次世界大战期间，美军的货轮"自由"号在巴厘岛东部被日军潜艇发射的鱼雷击中，虽然船员们尽全力抢救，但"自由"号还是因为进水过多而在图兰奔的沙滩上搁浅。在此后的时间里，"自由"号一直被摆放在沙滩上，成为当地渔民们欣赏的风景。1963年的那次火山爆发，将这艘船推到了水下。尽管如此，"自由"号距离海平面并不深，潜水爱好者可以轻松看到它。

马尔代夫的瓦度岛

　　瓦度岛距离马尔代夫的首都马累大约8000米。这里拥有非常美丽的风景和类型丰富的海洋资源，像一座天然的海洋馆一样，让人叹为观止。游客如果在这里潜水，可以看到许多类型的蝴蝶鱼、鹦鹉鱼和天使鱼等。2004年，瓦度岛被世界潜水旅游杂志评为最佳潜水胜地。

中央格兰德岛

　　中央格兰德岛是马尔代夫的另一处潜水胜地。这座岛屿位于马尔代夫的南阿里环礁，是一座风景宜人、开发也较为全面的岛屿。这里拥有天然的珊瑚礁和潟湖，适合浮潜。

冲绳岛

冲绳岛是一个自然风景和人文环境都非常独特的旅游之地。这里气候温暖宜人，岛上既有充满东亚风情的房屋，也不乏美式风格的建筑，因此有"东方的夏威夷"之称。这里的海水碧蓝澄澈，天空之蓝更是让人过目难忘，是一个上佳的潜水之地。

真荣田岬

说到在冲绳岛潜水，就不得不提真荣田岬。它位于冲绳岛本岛的恩纳村，是一个可以肆意眺望冲绳岛青蓝海面的海角，海角下的海水更是潜水的好去处。海洋里的暖流"黑潮"流经这片海域，造就了这里丰富的鱼类资源。

潜水员在真荣田岬潜水时，可以感受到一片无法用语言形容的青蓝色，海底的白沙、蓝绿色的海水与碧蓝的天空交融在一起。这一刻，青蓝色的视觉盛宴将会在潜水员眼前一帧帧呈现，因此，它也有"青之洞"的美誉。

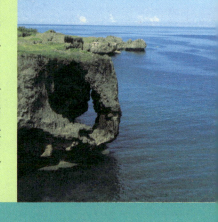

菲律宾的科隆岛

菲律宾是一个有着许多岛屿的国家，科隆岛就是其中一座岛屿。科隆岛上生活着许多居民，主要以采集燕窝和捕鱼为生。居民们担心过度开发的旅游业会给当地带来不良影响，因此只开放了科隆岛的小部分作为旅游景点。即便如此，科隆岛上依然遍布着许多美丽的海滨、湖水和喀斯特地貌的峰林，海面下也有许多沉船、珊瑚和观赏鱼，可供潜水爱好者欣赏。

教堂洞和美人鱼

从科隆岛一处靠近山边的海水向下潜水，潜水员可以看到一个海底山洞。通过山洞里一个长达 8 米左右的隧道，人们就进入了海中的一个钟乳石洞——教堂洞。石洞顶部连接着海面，光线照进洞中，仿佛一道圣光，让人激动不已。

在科隆岛的另一处海域生活着一些儒艮，也就是人们俗称的美人鱼。儒艮是一群生活在海洋里的食草动物，经常在海床上刨东西吃。儒艮并不容易找到，因此潜水员需要在海里一直游泳，运气好的时候，能看到好几只儒艮在海床上觅食。

楚克岛

密克罗尼西亚位于太平洋中部地区，这个国家分布着许多岛屿，楚克岛就是其中之一。第二次世界大战时期，日军在楚克岛设立了军事基地，因此当年这片海域停泊着许多日军的战舰和商船。1944 年，美军发起了对楚克岛日军基地的轰炸，炸沉了日军在海上的 60 艘舰船和 249 架飞机。如今，这里成为潜水爱好者心目中的圣地，而那些沉船则使这里成为世界级的沉船潜点。

潜水的未来

　　潜水员通过呼吸器呼吸，其身体只消耗了压缩空气中的一小部分，剩下的则会被再次呼出。将空气重复使用正是"循环呼吸器"的作用。较高浓度的二氧化碳会让人中毒，因此呼吸器里装有小石灰，用来吸收二氧化碳。每隔几分钟，循环呼吸器打开一个阀门，让气瓶中的新鲜氧气进入呼吸气囊，潜水员再通过它来呼吸。

海洋万花筒

　　在开放式呼吸器的系统里，潜水员所呼出的空气进入水里以后，会导致大部分氧气的流失。并且，气泡会产生巨大的噪音，它可能吓走动物。

深潜呼吸器

　　利用现代的循环呼吸器可以让潜水员进行较长时间的深潜。这种设备不会在水下发出响亮的气泡声，所以就不会惊吓到动物。电脑连接着许多台测量仪，测量仪则可以计算出气体的正确混合比例。传感器能分析出空气中的氧气含量，并对呼吸器中的湿度和温度的变化很敏感。科学家已经开始研究新型的氧气传感器。在未来，海洋研究专业的学生在刚开始训练的时候就会使用这种设备。

疯狂的想法

　　研究人员有一个十分疯狂的想法，即用含有大量氧气的液体填充潜水员的肺部，让液体中的氧气进入人的体内，这样就不必减压，在理论上，潜水员就能潜到比现在更深的地方。这种方法被用于手术室，那些呼吸衰竭的患者全身麻醉以后，医生会给患者的肺部注入液体并进行填充。

导致潜水病的原因

　　人类因为没有鳃，所以无法在水里呼吸，而人类总是需要呼吸气体来填满肺部。不断增加的水压会将气体压入体内，因此，出水过快会导致潜水病。

🖊 奇闻逸事

　　在电影《深渊》中，一只老鼠被浸入全氯化碳的液体，并且在其中游泳。还有一个人类也通过同样的方式在水中潜水。但是，这只是电影中的场景，不是真实的。这部电影的导演詹姆斯·卡梅隆后来乘坐潜水器到达了马里亚纳海沟的底部。

氯丁橡胶的绝缘性

当在寒冷的水域潜水时，潜水员必须穿着厚重的潜水服。氯丁橡胶是一种发泡橡胶，含有数百万个小气泡，因此它的绝缘性很好。由于氯丁橡胶和干式潜水服都含有大量的空气，所以会浮在水面上。潜水员需要佩戴沉重的配重带平衡浮力，才可以顺利下潜。

仿佛鲸脂一般的潜水服

鲸有一层厚重的脂肪，即鲸脂，它能保护鲸在水中不受寒冷的干扰。人类的身体也有不同程度的脂肪层，所以人的各个部位所感受到的寒冷程度也不同。或许在未来，研究人员会研发出一种用新型材料制作的潜水服，穿上它就可以像在温水泳池里一样舒适。

奇闻逸事

一位来自麻省理工学院的机械工程师在几年前研发了一种人工仿制的毛皮，以研究毛皮对海洋生物的保护作用。这些人工毛皮就跟一排排的管道一样，毛发间隔越小，就越能留住空气，毛发越长则可以保持越多的空气。

未来的猜想

　　地球上如今有 70 多亿人口，并且数量还在不断地增加。随着全球气候变暖，海平面上升，沿海区域和浅岛受到的威胁越来越大，陆地上的生存空间越来越小。而人们生活的地球大部分被海洋覆盖，虽然人们可以乘船跨越海洋，但并不住在水里、水上或者水底。未来，人类有可能会住到水里吗？

水下研究站

　　人们已经尝试很多次在水下建立研究站，而其中一个实验室如今仍在运行中，它叫作"水瓶座"。这个实验室位于佛罗里达群岛的海洋保护区的水下 20 米处。它由三部分组成，通过一个通向水中的舱口，潜水员到达加压区，放下潜水装置后爬上第二个舱室。这里的水压等于大气压。

安全的"水瓶座"

　　"水瓶座"既是住所，同时也是工作场所和科学家的实验室。这里的水压总是高于水面的压力，但低于水中 20 米深处的水压。因此，身体的氮饱和度比较低，也就不容易患上潜水病。

Part 7 潜 水 世 界

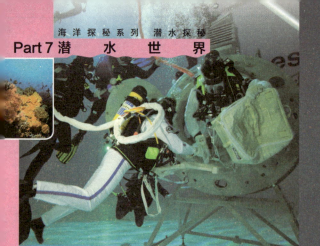

"水瓶座"里的太空训练

美国的宇航员也会在"水瓶座"中进行太空训练，身穿沉重宇航服的人员在水下进行太空行走的模拟训练。队员们还可以学习在狭窄的空间中共同生活。自从 2001 年以来，一共有 19 支队伍在这里完成了训练。

在礁石上散步

"水瓶座"一共可以容纳 6 人。海洋生物学家在它的周围进行了大量的潜水。他们可以在那里安心地进行研究。在海底某些地方带有空气压缩机的小型站点，万一空气被用完，潜水员可以及时填充。

奇闻逸事

一位极具想象力的法国建筑师设计出了一艘名为"City of Meriens"（海上漂浮城市）的巨大游轮，意欲打造成国际海洋研究大学城，能够让 7000 名研究人员、教授和学生在上面对海洋生物多样性进行长期观察和研究。其设计灵感来自大海中的魔鬼鱼。

"海洋空间站"

　　人类对海洋的开发可谓少之又少，探索海洋所需要的资金更是巨大，并且还需要制造昂贵的大型研究船。但是，如果研究人员能够生活在海里，是不是就会容易得多？于是，"海洋空间站"的概念就出现了。这种空间站看起来就像科幻电影中的科考船一样，近 60 米高，但其中只有 27 米露出水面。船上的一些房间内的气压和水压相等，因此，研究人员可以随意地进出。船上还有机器人，可以在广阔的水域和更深的地方潜水。

深海科考员

　　在美国佛罗里达州的温暖海域，潜水员可以潜水长达 9 小时。"水瓶座"的研究人员因此也被称为深海科考队员。他们每次都会在水下连续生活两周的时间，但是仍然需要来自陆地上的各种能源、淡水和食物的供给。

🔬 海洋万花筒

　　1969 年，一个移动研究站曾经漂浮在海洋里。"本·富兰克林"号是一艘长 15 米的潜艇，有 6 名船员住在里面，他们通过舷窗来观察海底世界并进行探索。这艘潜艇在大西洋中航行了 30 天，航程超过了 2300 千米，而这也是它第一次出海探险。

海洋探秘

深海探秘
SHENHAI TANMI

企鹅探秘
QI'E TANMI

水母探秘
SHUIMU TANMI

台风探秘
TAIFENG TANMI

鲨鱼探秘
SHAYU TANMI

潜水探秘
QIANSHUI TANMI

极地探秘
JIDI TANMI

章鱼探秘
ZHANGYU TANMI

观赏鱼探秘
GUANSHANGYU TANMI

鲸探秘
JING TANMI